Social Media Workbook

Social Media Workbook

Miriam Schlaich

Miriam Schlaich

Lektorat: Ariane Hesse
Fachliche Unterstützung: Corina Pahrmann
Korrektorat: Sibylle Feldmann, *www.richtiger-text.de*
Satz: Miriam Schlaich, *www.miriamschlaich.com*
Herstellung: Stefanie Weidner
Umschlaggestaltung: Michael Oréal, *www.oreal.de*
Druck und Bindung: mediaprint solutions GmbH, 33100 Paderborn

ISBN:
Print   978-3-96009-186-8
PDF   978-3-96010-653-1

1. Auflage 2022
Copyright © 2022 dpunkt.verlag GmbH
Wieblinger Weg 17
69123 Heidelberg

Dieses Buch erscheint in Kooperation mit O'Reilly Media, Inc. unter dem Imprint »O'REILLY«. O'REILLY ist ein Markenzeichen und eine eingetragene Marke von O'Reilly Media, Inc. und wird mit Einwilligung des Eigentümers verwendet.

Hinweis:
Dieses Buch wurde auf PEFC-zertifiziertem Papier aus nachhaltiger Waldwirtschaft gedruckt. Der Umwelt zuliebe verzichten wir zusätzlich auf die Einschweißfolie.

Schreiben Sie uns:
Falls Sie Anregungen, Wünsche und Kommentare haben, lassen Sie es uns wissen: *kommentar@oreilly.de.*

5 4 3 2 1 0

Inhaltsverzeichnis

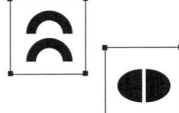

Vorbemerkung

Das hier ist dein Arbeitsbuch! Es ist dazu gedacht, um darin zu schreiben, etwas zu skizzieren, zu malen und um Ideen auszuarbeiten.

Zum Buch findest du auf *www.social mediaworkbook.de* acht DIN-A4-Arbeitsblätter zum Herunterladen und Ausdrucken. Diese **Worksheets**, mit diesem Symbol gekennzeichnet 🔲, gehören zu bestimmten **Übungen** und sollen dir helfen, deine wichtigsten Ergebnisse festzuhalten und immer präsent zu haben. Das Material ist auch unter *https://oreilly.de/produkt/social-media-workbook/* unter der Rubrik *Zusatzmaterial* zu finden.

Außerdem verweise ich immer wieder auf hilfreiche **Links,** die dir Inspiration sowie weitere Informationen und Anregungen geben sollen. Sie sind in der Form 🔗 **20.1** gekennzeichnet und gesammelt ab Seite 165 am Ende des Buchs zu finden. Um dir das Abtippen der Links zu ersparen, findest du unter dieser Adresse die gesamte Sammlung: *www.socialmediaworkbook.de.* Du kannst die Website auch über den QR-Code unten aufrufen.

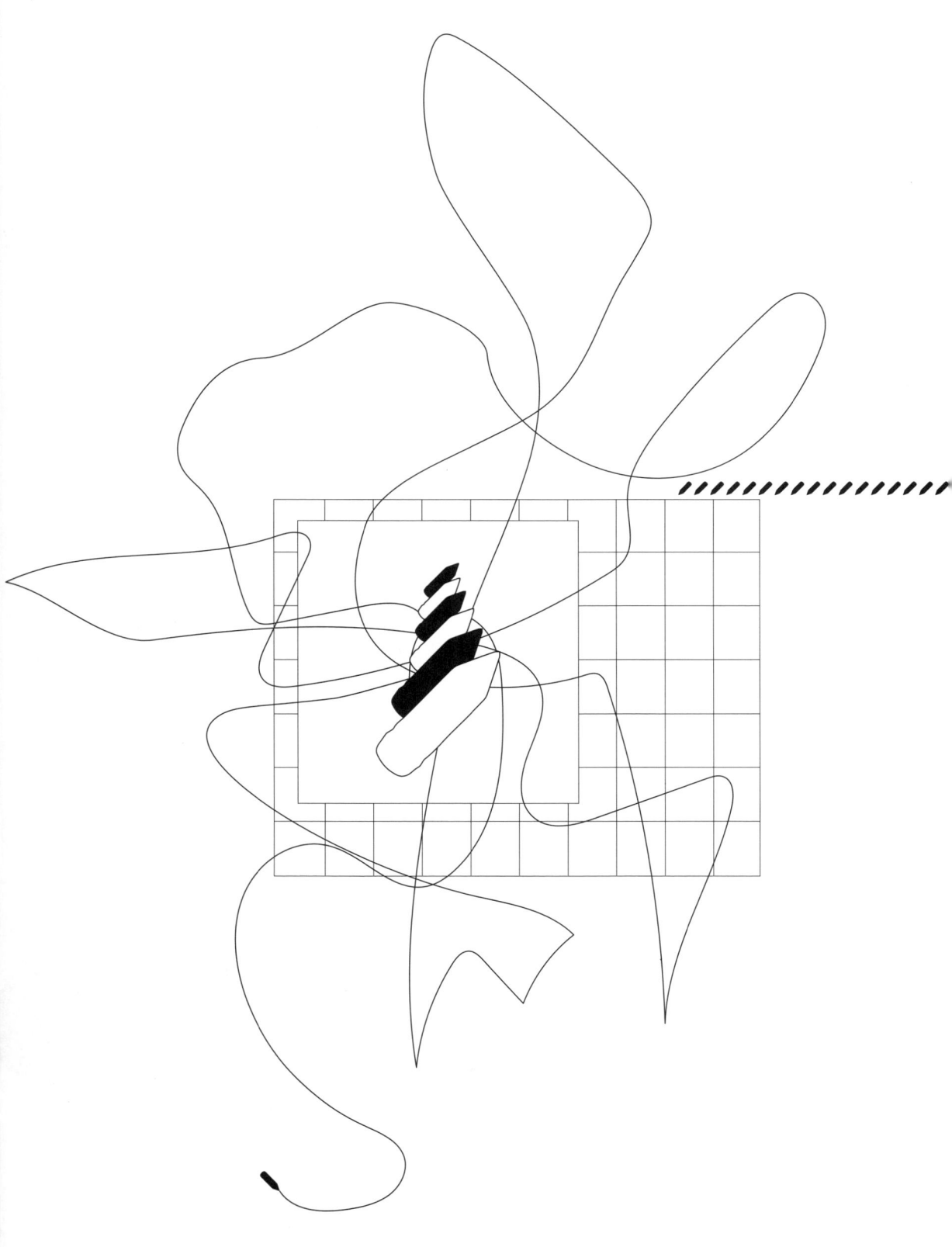

Hallo!

Mein Name ist Miriam, und ich bin fasziniert von Social Media und den Chancen, die sich hier für jeden Einzelnen bieten. Viele haben große Lust und ein enormes Interesse daran, sich mit Social Media auseinanderzusetzen. Sie haben aber auch gewisse Ängste oder befürchten, dass sie das Thema überfordern könnte. Mit diesem Buch möchte ich die komplexe Social-Media-Welt für dich und deine Marketingpläne etwas aufschlüsseln.

Dieses Buch gibt dir praktische Hilfestellungen, wenn du selbstständig bist, ein Kleinunternehmen führst oder eine Idee, ein Produkt oder eine Dienstleistung via Social Media vermarkten und deine Bekanntheit steigern willst. Dabei gehe ich davon aus, dass hinter deiner Idee eine Leidenschaft steht sowie Fleiß und die Motivation, deine Ideen auch zu verwirklichen. Denn um deine Marketingkampagne erfolgreich umzusetzen, wirst du viel Energie aufbringen und kontinuierlich aktiv sein müssen.

Es wird nie ein »fertig« geben, Self-Marketing soll eher Teil deines Alltags werden und dich durch routinierte Abläufe deinen Marketingzielen näherbringen.

Ich möchte dich auf diesem Weg begleiten, **geeignete Fragen stellen, dir Denkanstöße geben und dir Methoden zeigen,** mit deren Hilfe du dir eine erfolgreiche Marketingstrategie aufbauen kannst. Um Interessierte und Follower:innen für dich und dein Produkt oder deine Dienstleistung zu gewinnen und an dich zu binden, musst du medial eine Beziehung zu ihnen aufbauen. Und das benötigt – wie im echten Leben – Zeit.

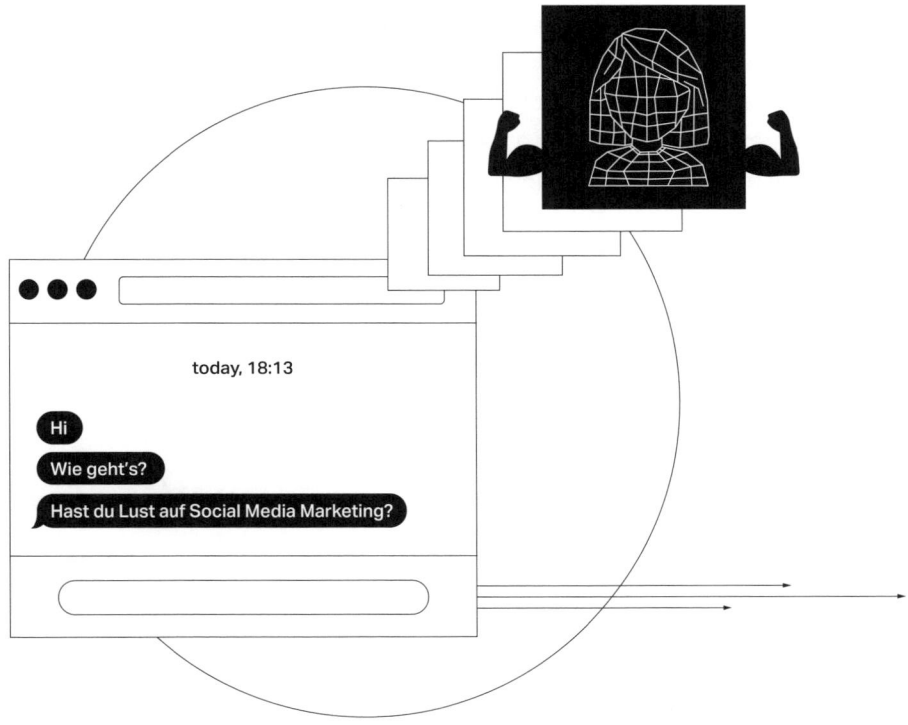

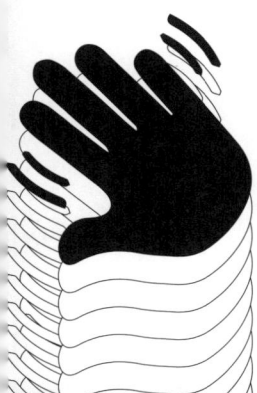

Übung macht den Meister – oder die Meisterin. Ich kann mir vorstellen, dass du fachfremd bist und mit Marketing und Social Media bis jetzt wenig zu tun hattest. Aber lass dich davon nicht abschrecken. Irgendwann muss man ja anfangen, und **von jetzt an wirst du dich stetig verbessern.**

Neben den Erläuterungen in den einzelnen Kapiteln enthält das Workbook **praktische Übungen,** die dir bei der Entwicklung deiner Social-Media-Strategie helfen. Dafür benötigst du einige Materialien wie Stift und Papier, einen Drucker, eine Schere, einen Klebestift und die zum Download bereitgestellten **Worksheets** ▦.

Auch große Firmen wie zum Beispiel Nike oder Mercedes-Benz haben die Chancen, die Social Media Marketing bietet, erkannt und nutzen soziale Netzwerke sehr erfolgreich seit mehr als zehn Jahren. Auf der nächsten Seite führe ich zehn Gründe auf, die dafür sprechen, dass du dein Marketing um einen Social-Media-Auftritt ergänzt.

1. Du vermittelst Emotionen und nicht nur deine Angebotspalette. **2.** Deine Marke bekommt ein persönliches Gesicht. **3.** Es gelingt dir, deine Botschaften schnell zu verbreiten. **4.** Du erreichst viele Menschen. **5.** Social Media Marketing ergänzt deinen Werbeauftritt. **6.** Du bleibst medial präsent. **7.** Unmittelbarer Kundenkontakt ist möglich. **8.** Du kannst Kontakte zu potenziellen Partner:innen knüpfen. **9.** Das Engagement in Social-Media-Netzwerken ist überwiegend kostenfrei. **10.** Andere Social-Media-Accounts inspirieren und spornen an.

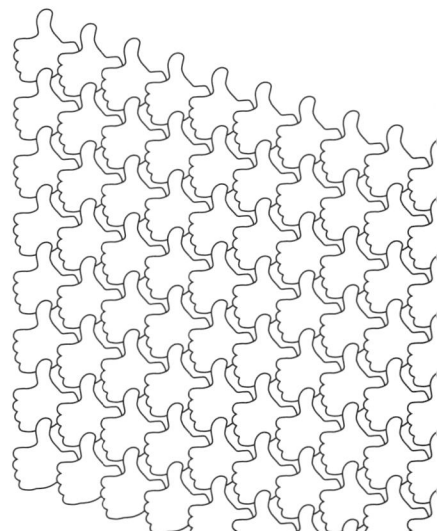

In Kapitel eins bekommst du einen Überblick über verschiedene Social-Media-Platttformen und deren Logik. Abraham Lincoln sagte einst: »Wenn ich acht Stunden Zeit hätte, um einen Baum zu fällen, würde ich sechs Stunden die Axt schleifen.« Um selbstsicher online auftreten zu können, musst du deine Marke erst mal klar definieren. **In Kapitel zwei erarbeitest du deine Markenidentität** und lernst deine Zielgruppe sowie deine Konkurrenz besser kennen. **Kapitel drei behandelt das professionelle Erscheinungsbild deiner Marke** und sorgt so für die passende visuelle Wahrnehmung deines Onlineauftritts.

Du leitest bereits ein etabliertes Unternehmen mit klarer Vision und schickem Erscheinungsbild? Kein Problem, du kannst in den Kapiteln zwei und drei dein Auftreten überprüfen, und vielleicht stößt du ja doch noch auf Widersprüche oder ungeklärte Fragen. Es steht dir aber natürlich auch frei, diese Kapitel zu überspringen.

Wir konsumieren mehr Onlineinhalte als je zuvor. Nach der Onlinestudie von ARD und ZDF 2020 nutzen 72 % der gesamten deutschsprachigen Wohnbevölkerung das Internet täglich. Von den 14- bis 29-Jährigen sogar 97 %.

Nutzung mediales Internet, Tagesreichweite in % bezogen auf 14- bis 29-Jährige[1]

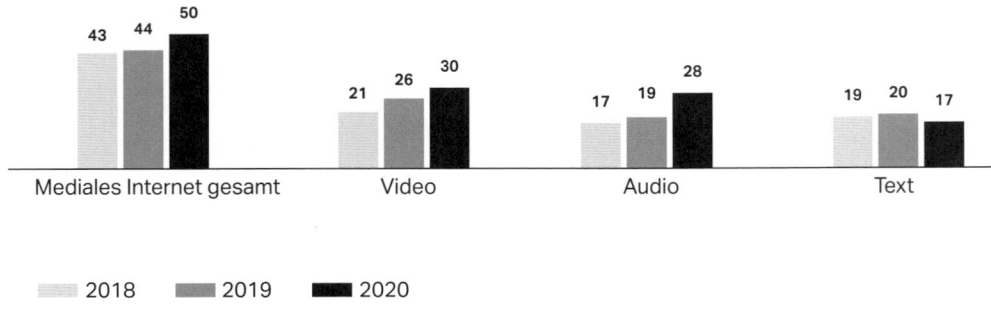

	Mediales Internet gesamt	Video	Audio	Text
2018	43	21	17	19
2019	44	26	19	20
2020	50	30	28	17

1 – https://www.ard-zdf-onlinestudie.de/files/2020/2020-10-12_
   Onlinestudie2020_Publikationscharts.pdf

In Kapitel vier erfährst du nicht nur, dass es kein Hexenwerk ist, Video-Content zu produzieren, sondern auch, wie du Bild und Text für dein Anliegen und deine Kanäle erstellen und einsetzen kannst.

Social Media Marketing ist ein Prozess. Es muss nicht jeder Post viral gehen, du darfst Fehler machen und dich entwickeln. Wichtig ist, dass du immer zuhörst, neugierig, authentisch und gleichzeitig flexibel bleibst, damit du neue Trends aufnehmen und Feedback umsetzen kannst. Bleibe immer im Austausch mit deinen Follower:innen. **Wie du dir die Arbeit durch ein strukturiertes Konzept erleichtern kannst, welche Verhaltensregeln online gelten und worauf du beim Posten immer achten solltest, lernst du in Kapitel fünf.**

Das Schwierigste an Social Media Marketing ist allerdings das Dran-

bleiben. **In Kapitel sechs gebe ich dir Tipps, wie du Arbeitsschritte optimierst und dir mithilfe von Tools die Arbeit so leicht wie möglich machst** – damit du deine diversen Social-Media-Aufgaben in deinen Alltag integrieren kannst, auch wenn die Zeit mal knapp ist.

Ich möchte diesen Ratgeber nicht als technische Bedienungsanleitung schreiben, sondern eine Wissensgrundlage schaffen. Auf dieser kannst du aufbauen, deine eigenen Erfahrungen machen und dazulernen.

Viel Spaß!

PS: Wie du ja sicher bereits gemerkt hast, duze ich dich. Warum? Weil es im Social Web üblich ist und weil auch meine Fragen teilweise sehr persönlich sind.

eins: Soziale Netzwerke

Das geeignetste soziale Netzwerk für dich ist das,
in dem deine Kund:innen aktiv sind.

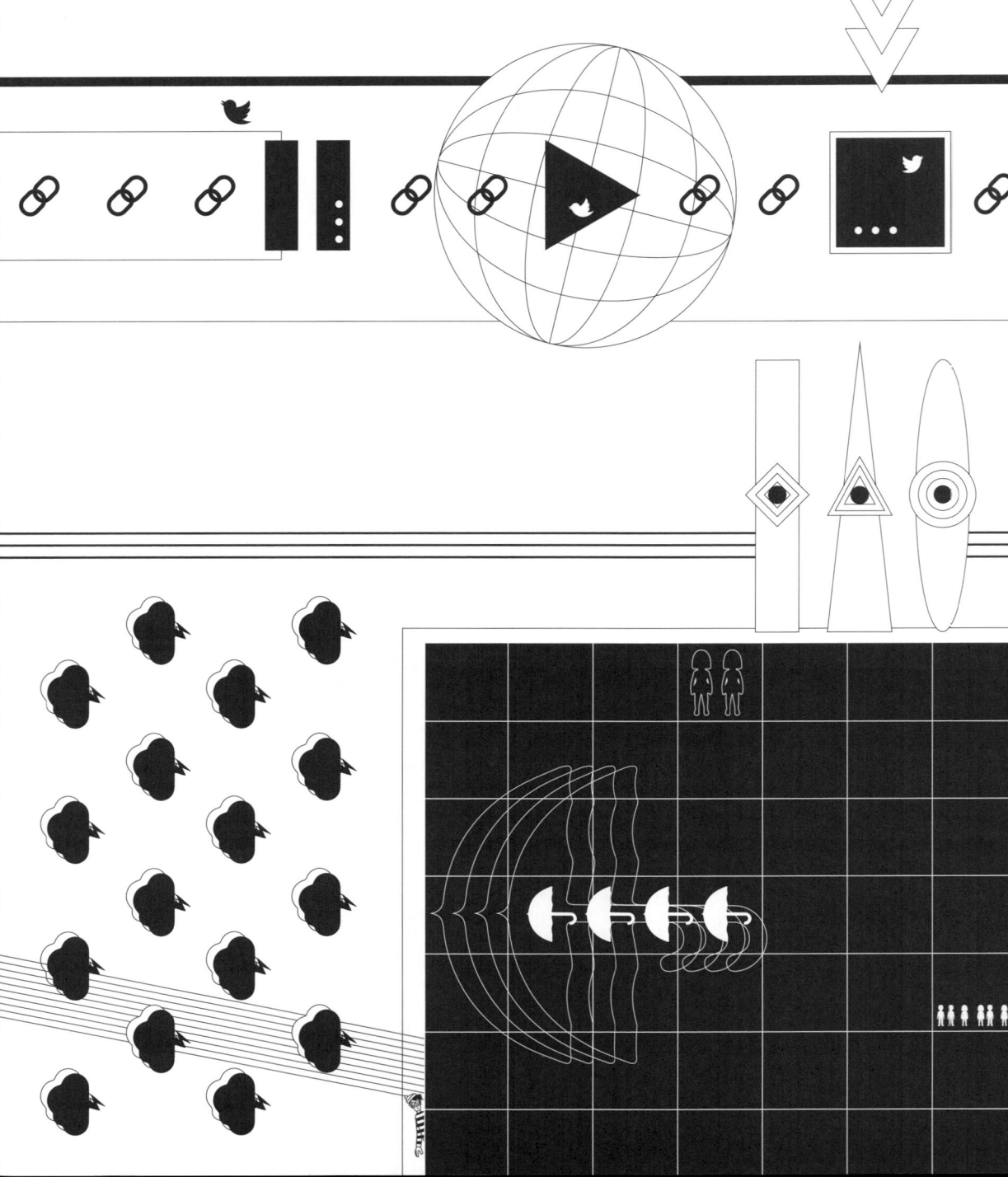

Social Media Marketing

Sobald du soziale Netzwerke nutzt, um für dich zu werben, betreibst du Social Media Marketing. Dazu gehört das Erstellen und Teilen von bestimmtem Content, der Austausch und die Kommunikation mit deinen Follower:innen. Mit sozialen Netzwerken sind Plattformen gemeint, über die du dich digital vernetzen und kommunizieren kannst.

Zeit in Minuten pro Tag, die in den USA mit digitalen bzw. traditionellen Medien verbracht werden[2]

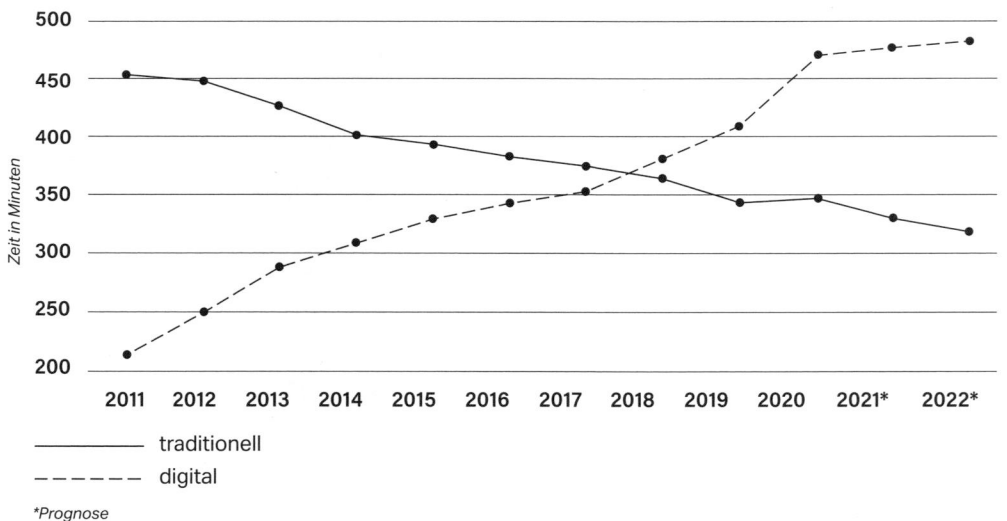

*Prognose

_2 – Statista, 01.03.2021, https://www.statista.com/statistics/565628/
time-spent-digital-traditional-media-usa/_

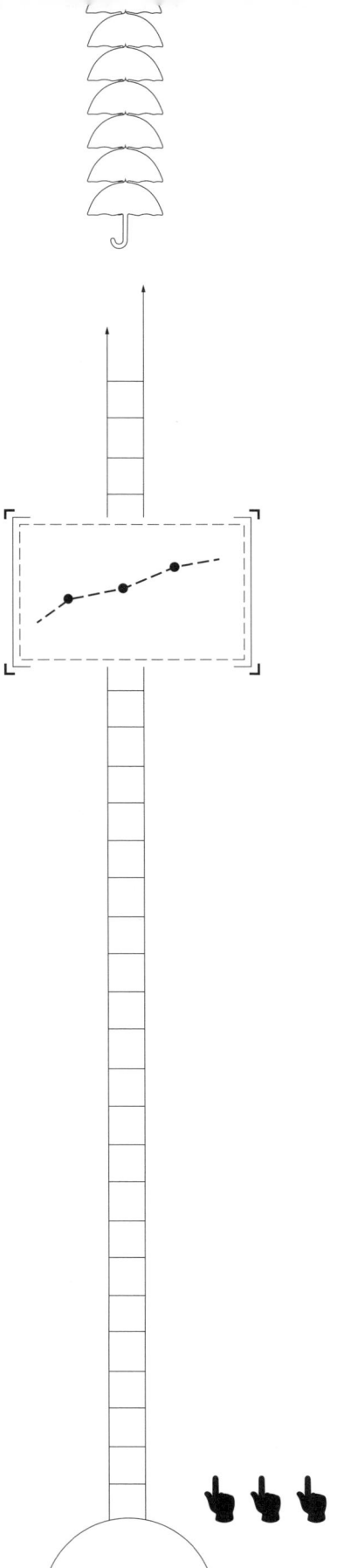

Social Media Marketing ist wichtig, denn die Bedeutung klassischer Werbung nimmt immer mehr ab. Traditionelle Medien wie Flyer, Plakate, Radio- und TV-Werbung verlieren an Reichweite und Einfluss. Im Gegensatz dazu gewinnen digitale Medien immer mehr an Relevanz. Das Vertrauen in Rezensionen und Nutzerempfehlungen sowie einen authentischen Social-Media-Auftritt wächst.

Du kommunizierst mit Kundinnen und Kunden auf Augenhöhe. Auf Social-Media-Plattformen hast du eben nicht nur eine wachsende Reichweite, sondern lernst auch Wünsche, Bedürfnisse und Gedanken deiner Kund:innen viel besser kennen. Auf Social Media teilen sie gerne ihre Meinung und ihre Erfahrungen.

Weil die Kommunikation in Social Media persönlich ist, **erreichst du die Menschen in sozialen Netzwerken besonders mit emotionalem und authentischem Content** und kannst so mit ihnen eine Beziehung aufbauen. Deine Kommunikation sollte also einem lockeren Gespräch ähneln und nicht nach einer polierten Werbeanzeige aussehen.

Soziale Netzwerke sind am Ende eben wörtlich zu nehmen: soziale, vernetzte Beziehungen – nur eben im digitalen Raum.

Bei Social-Media-Inhalten unterscheidet man zwischen Paid, Owned und Earned Media.

Owned Media
Alle Inhalte, die von dir selbst erstellt werden. Du hast die komplette Kontrolle über diese Inhalte.

Earned Media
Nennung deines Unternehmens auf unabhängigen Kanälen. Du »verdienst« dir die Erwähnung durch besonders attraktive Inhalte oder herausragendes Engagement.

Paid Media
Jede Form von bezahlter Werbung.

Alle drei Werbeformen zusammengenommen werden als **Converged Media** bezeichnet. Gemeinsam sorgen sie für die optimale Reichweite deiner Botschaft. Im Idealfall erreichst du mit Paid und Earned Media eine Vielzahl an Menschen. Diese werden damit auf deinen Account oder deine Webseite aufmerksam, und hier überzeugst du sie mit Owned Media.

Zu den bekanntesten Netzwerken gehören aktuell **Facebook, Twitter, YouTube, Instagram, Pinterest, TikTok und LinkedIn.** Auf den nächsten Seiten stelle ich dir diese Plattformen vor, um dir einen Überblick über die Möglichkeiten und die jeweiligen Schwerpunkte bzw. Ausrichtungen zu geben.

Neben den sozialen Netzwerken kann man auch durch Messenger-Dienste wie z. B. **WhatsApp oder den Facebook Messenger** seine Marketingstrategie ergänzen. Darauf gehe ich in diesem Buch allerdings nicht weiter ein. Wenn dich dieses Thema interessiert, kannst du dich hier informieren: 🔗 **20.1**

Du fragst dich, wo du anfangen sollst, welche Plattformen sich für deine Ziele am besten eignen, welcher Content sich wo am besten teilen lässt und wo

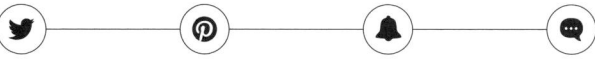 

du deine Zielgruppe am besten erreichst? **Keine Sorge – die Antworten erarbeitest du dir mit den entsprechenden Aufgaben im Workbook.**

Du musst dich im Übrigen nie final für eine Plattform entscheiden und dich festlegen, bleibe am besten offen und flexibel. Wenn du jetzt darauf brennst, direkt loszulegen, und dich auf verschiedenen Plattformen registrieren willst, empfehle ich dir, erst mal den Abschnitt »Markenname« auf Seite 90 zu lesen.

In Deutschland sind Internetnutzer:innen durchschnittlich auf fünf sozialen Netzwerken angemeldet.[3] Es bietet sich also für dich an, deine Nutzer:innen über mehrere Kanäle anzusprechen, damit du und deine Brand immer wieder in ihrer Wahrnehmung vorkommen. Allerdings muss jede weitere Plattform, bei der du deine Marke präsentieren willst, aktiv bespielt werden. Ein »toter« Kanal schafft frustrierende Erlebnisse. Es schadet zum Beispiel, wenn dein Account veraltete Informationen

beinhaltet oder Nachrichten unbeantwortet bleiben.

Das Ergebnis deiner Strategie kannst du anhand unterschiedlicher **Kennzahlen** messen, zum Beispiel anhand von **Reichweite, Likes, Shares oder Kommentaren.**

Eine erfolgreiche Social-Media-Strategie zu erarbeiten und konsequent zu verfolgen, ist gar nicht so einfach, wie es manchmal von außen aussieht. **Vor allem der Arbeitsaufwand wird oft unterschätzt.** Das Buch wird dich Schritt für Schritt dabei unterstützen, für dich und deine Marke einen sympathischen Onlineauftritt zu verwirklichen.

Gemeinsam erstellen wir eine Strategie und beschäftigen uns mit diesen wichtigen Themen:

- Aufbau einer eigenen Community
- Social Media Monitoring (Analyse)
- Optimierung von Inhalten
- Kundenkontakt
- Aufbau eines guten Image

Die gesellschaftliche Relevanz sozialer
Netzwerke kann man an den weltweit
wachsenden Nutzerzahlen erkennen.
Monatlich sind 4,48 Milliarden
Nutzer:innen auf sozialen Medien aktiv!

Aktive Nutzer:innen/Monat in Millionen, Stand Juli 2021[4]

2797	Facebook
2291	YouTube
1287	Instagram
756	LinkedIn
732	TikTok
459	Pinterest
396	Twitter

4 – https://datareportal.com/social-media-users, Stand: 2021

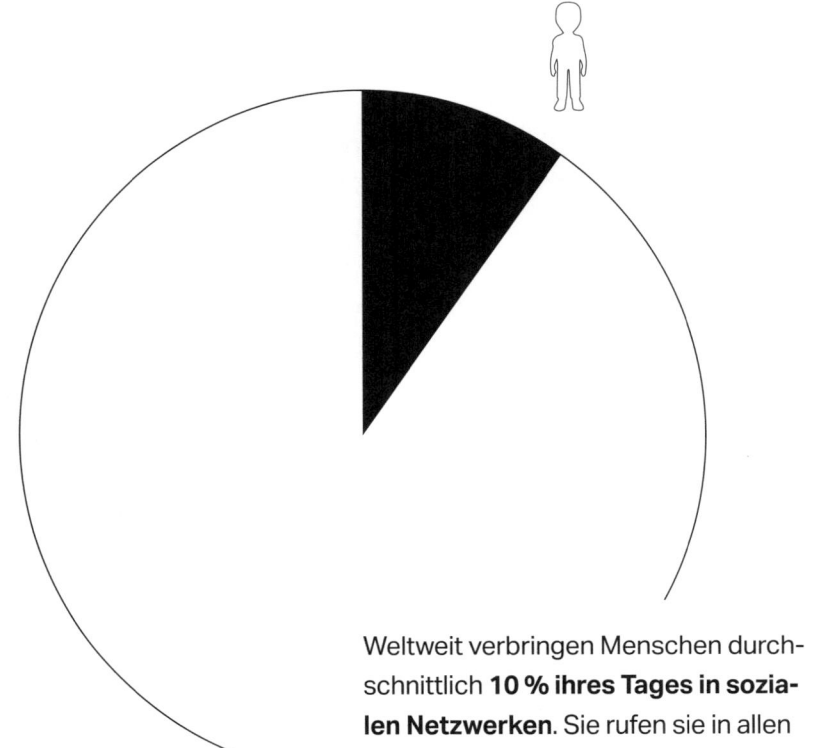

Weltweit verbringen Menschen durchschnittlich **10 % ihres Tages in sozialen Netzwerken**. Sie rufen sie in allen
möglichen Situationen des Tages ab:
auf dem Weg zur Arbeit, nach dem Auf-
wachen und vor dem Einschlafen, beim
Fernsehen und auf der Toilette. In dieser
Zeit möchten sich die Nutzer:innen mit
interessanten Inhalten beschäftigen,
deswegen spielt der inhaltliche Mehrwert für den Betrachter eine entschei-
dende Rolle.

2:22 h

1:24 h

2014   2015   2016   2017   2018   2019   2020   2021

Facebook

Das mit Abstand größte Netzwerk der Welt wurde 2004 von Mark Zuckerberg gegründet. Mit weltweit 1,82 Milliarden täglich aktiven Anwender:innen steigt die Nutzung nach wie vor stetig. Seit einigen Jahren bemüht sich Facebook, seine Plattform zu einer noch freundlicheren und sichereren Umgebung zu machen. Facebook spielt immer wieder Werbekampagnen aus, um Nutzer:innen für den Umgang miteinander zu sensibilisieren. Hinzu kommt, dass der Algorithmus häufig angepasst wird, um das Werbeversprechen einer familiären und freundschaftlichen Plattform einzulösen.

Durchschnittlich ist die Zielgruppe zwischen **25 und 60 Jahre** alt. Privatpersonen, Unternehmen und Vereine nutzen Facebook sowie auch Künstler:innen, Veranstalter und sonstige Interessengruppen.

Facebook bietet die Möglichkeit, **private Profile, Unternehmensseiten und Gruppen** zu erstellen. Private Profile können sich »befreunden«, Unternehmensseiten können dir »gefallen«, oder du kannst sie »abonnieren«, und Gruppen kann man beitreten. Darüber hinaus gibt es einen Messenger-Service, über den man Direktnachrichten austauschen kann. Außerdem können **Events erstellt und Produkte verkauft werden, es gibt eine Dating-Plattform, eine Jobbörse, Spiele und Livestreams.** Facebook holt also mit seinen Angeboten User:innen mit ganz unterschiedlichen Interessen ab.

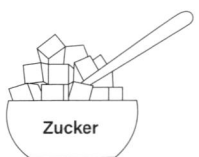
Zucker

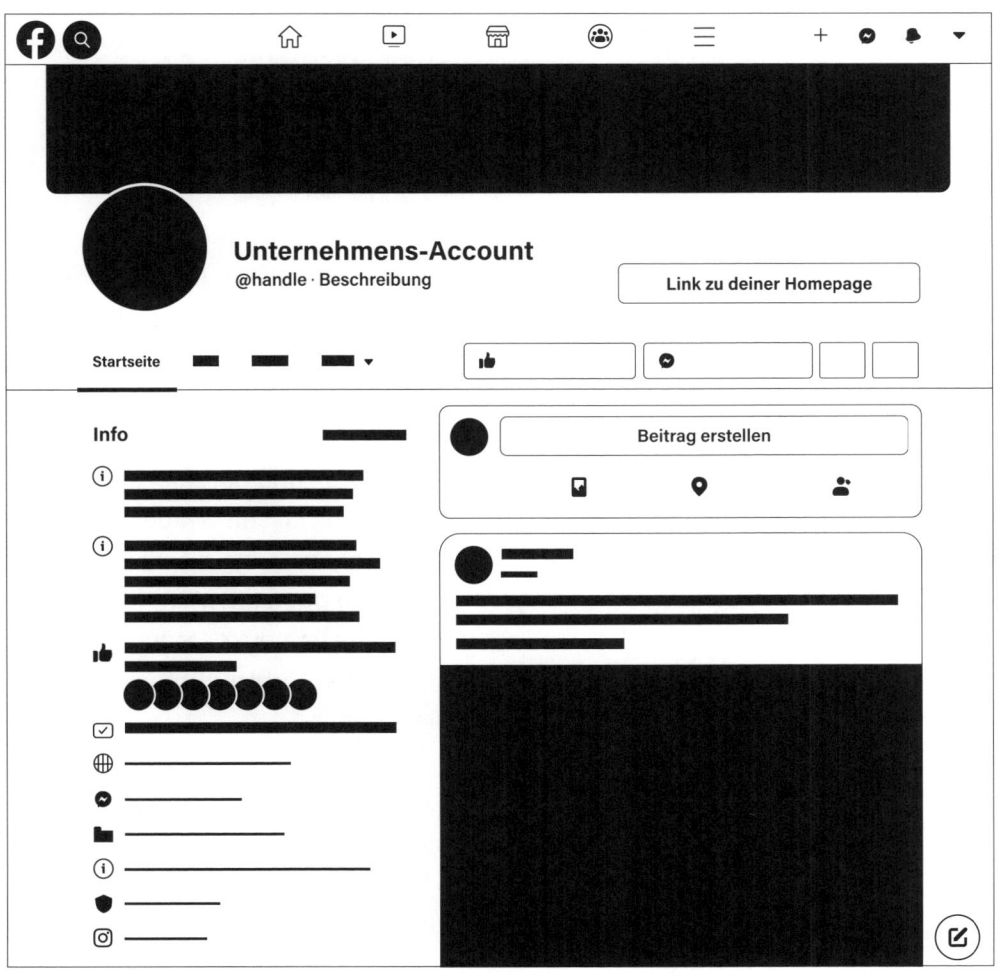

Eine Facebook-Unternehmensseite, schematisch dargestellt

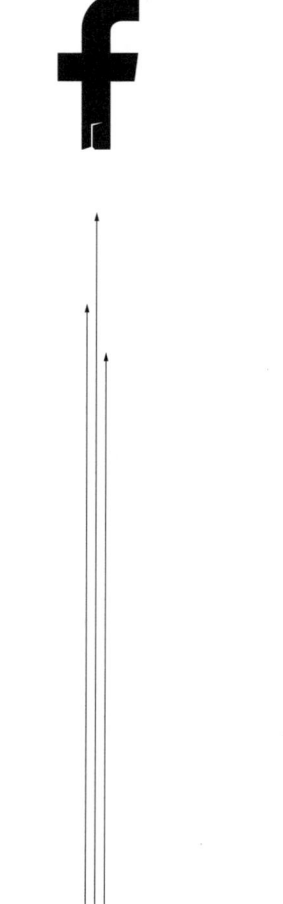

Welchen gemeinsamen Aktivitäten man nachgeht und welche Informationen man austauscht, bestimmt, wie man Facebook nutzt und in welcher »Bubble« man sich dementsprechend befindet. Und daraus ergibt sich auch der Umgangston und die Kommunikation.

Für dein Business oder Projekt solltest du deshalb genau vor Augen haben, wo und wie du auf Facebook mit deinen Kund:innen in Kontakt treten kannst und willst.

Bis jetzt ist Grundlage und Voraussetzung ein persönliches Profil. Facebook hat aber angekündigt, dass ab 2022 zusätzlich »Work Accounts« gelauncht werden sollen, mit denen sich Privatleben und Berufliches leichter trennen lassen. Aktuell werden Work Accounts in verschiedenen Unternehmen getestet. Momentan kannst du von deinem persönlichen Profil aus **deine Unternehmensseite** erstellen.

Eine Unternehmensseite ist mit einer Webseite vergleichbar. Hier sollten deine Kund:innen Informationen wie Öffnungszeiten, Preise, die Adresse und so weiter finden. Diese Informationen müssen natürlich immer aktuell

5 – https://sproutsocial.com/insights/facebook-trends/
6 – https://www.facebook.com/legal/terms?locale=de_DE

und korrekt sein. Sowohl deinen privaten Account als auch deine Unternehmensseite kannst du mit Bildern, Texten und Videos bespielen. Deine Follower:innen können diese liken, kommentieren und teilen.

Deine Seite fungiert gewissermaßen als Pinnwand, die von dir mit Content versehen wird und auf der deine Kund:innen Meinungen, Fragen und Erfahrungen teilen können. Auf diese solltest du am besten so schnell wie möglich reagieren, **während der regulären Geschäftszeiten idealerweise innerhalb weniger Stunden.**

💡 **Tipp:** Facebook bietet die Möglichkeit, automatische Antworten zu hinterlegen.

Technische Eckdaten wie Profil- und Titelbildgrößen, Post- und Videoanforderungen ändern sich schnell. Im Internet findest du die unterschiedlichen Spezifikationen. Überprüfe permanent, ob noch alles den aktuellen Anforderungen entspricht. 🔗 **27.1**

Im Facebook-Hilfebereich wird alles Wichtige zur Nutzung von Facebook – vom Posten von Beiträgen bis zu Profil- und Privatsphäreeinstellungen – gut erklärt. 🔗 **27.2**

Auf Facebook organisch zu wachsen, das heißt über eigene interessante Inhalte, ist seit ein paar Jahren nicht mehr so einfach. Um schnell eine große Reichweite zu erzielen, **lohnt es sich hier, neben Zeit auch Geld zu investieren** und Anzeigen zu schalten. Man kann seine Reichweite aber auch dadurch erhöhen, dass man Trends folgt, die wiederum vom Facebook-Algorithmus gut ausgespielt werden. Laut Sprout Social (einem Social-Media-Management-Tool) war 2021 vor allem die Shopping-Funktion, also der direkte Verkauf über Facebook, ein großer Trend.[5] Auch Gruppeninhalte werden mit dem neuen Algorithmus bevorzugt ausgespielt.

💡 **Tipp:** Facebooks Nutzerbedingungen sehen vor, dass jede Unternehmensseite ein Impressum braucht.[6] Das kannst du dir zum Beispiel auf e-Recht 24 generieren lassen. 🔗 **27.3**

Seit einigen Jahren gehören WhatsApp und Instagram zur Facebook-Familie, »Meta«. **Das führt zu einer immer engeren Verflechtung der Plattformen** und einigen Vorteilen: Beispielsweise können Posts und Stories, aber auch Werbeanzeigen gleichzeitig über mehrere Plattformen ausgespielt werden. Außerdem kannst du deine Zielgruppen über die Plattformen hinweg leicht erschließen, denn der Facebook-Werbemanager erlaubt eine vergleichsweise genaue Adressierung nach demografischen Merkmalen, Interessen, Berufen und vielen anderen Eigenschaften mehr.[7]

Werbeanzeigen kannst du auf Wunsch auch plattformübergreifend ausspielen. **Die Facebook-Tools, Business Suite und Creator Studio bieten außerdem eine plattformübergreifende Organisation der Profile an.** Du kannst damit Instagram- und Facebook-Posts planen sowie veröffentlichen und außerdem Nachrichten und Kommentare gesammelt beantworten. Darüber hinaus kannst du die Performance deiner Inhalte analysieren und bekommst eine Übersicht über die Reichweite und die Interaktionen deiner Posts. Welches der Tools am besten für dich geeignet ist, musst du ausprobieren.[8]

Wichtig zu wissen ist, dass Facebook umfassende Daten zum Verhalten seiner Nutzer:innen sammelt, um perfekt zugeschnittene Inhalte auszuspielen. Dazu gehören Informationen, die aktiv weitergegeben werden, aber auch, welche Videos gelikt werden, was kommentiert wird

und welche Posts angeklickt werden. Das kommt dir als Unternehmen, vor allem bei bezahlten Anzeigen (Paid Ads), zugute. Facebook adressiert deine Anzeigen an eine perfekt auf dich zugeschnittene Nutzergruppe.

Gelungene Unternehmens-Accounts: 🔗 28.1
Hello Fresh nutzt die klassische Unternehmensseite. Es bespielt seinen Feed mit Aktionen, Updates, Kooperationen und Inspiration. Außerdem interagieren die Mitarbeiter:innen hier mit Follower:innen.

Splash Festival nutzt Facebook, um Events anzukündigen. Das Unternehmen bietet hier direkt Tickets an und teilt aktuelle Informationen. Außerdem können sich Besucher:innen vernetzen und über Events austauschen.

XouXou präsentiert in seinem Facebook-Shop seine Produktpalette und kann Besucher:innen direkt zum Kaufen animieren.

7 – https://www.facebook.com/business/tools/ads-manager

8 – https://www.vision-advertising.com/2020/11/13/facebook-business-suite-vs-creator-studio-which-is-right-for-you/

Facebook Creator Studio, schematisch dargestellt

Instagram

Instagram Home Feed

Der Fokus des Bildernetzwerks Instagram liegt auf **Lifestyle-Inhalten und schön inszenierten Bildern und Videos.**

Die meisten User:innen sind zwischen **14 und 29 Jahre** alt. Wie auch auf Facebook haben Privatpersonen, Unternehmen, Vereine, Künstler:innen, Veranstalter, Interessengruppen und viele mehr inzwischen einen Instagram-Account.

Hier wird gelikt, kommentiert, und es werden Inhalte per Direktnachricht geteilt. Um sich zu vernetzen, folgt man anderen Accounts. Jeder private Account kann über die Einstellungen zu einem Business-Account umgewandelt werden. **So bekommst du Insights über das Verhalten deiner Follower:innen.** Die Voraussetzung für den übergreifenden Werbemanager ist eine Verknüpfung deiner Facebook-Unternehmensseite mit deinem Business-Account.

2020 hat Instagram in Deutschland erstmals mehr tägliche Nutzer:innen als Facebook. **Fast jeder zweite 14- bis 19-jährige Mensch ist täglich auf Instagram aktiv.**[9] Da Instagram und Facebook zusammengehören, lässt sich Instagram in großen Teilen über den Facebook-Zugang steuern. Außerdem teilen sie sich eine Werbeplattform, sodass geschaltete Anzeigen sowohl auf Facebook als auch auf Instagram ausgespielt werden können. 🔗 **30.1**

Posts sieht man im Instagram Home Feed ⌂ (links außen dargestellt) und auf der Instagram-Profilseite in einem Dreier-Grid ⊞ (rechts dargestellt). **Alle Inhalte werden hier quadratisch angezeigt**, du kannst Inhalte aber auch in anderen Formaten veröffentlichen. In der Detailansicht werden, wie

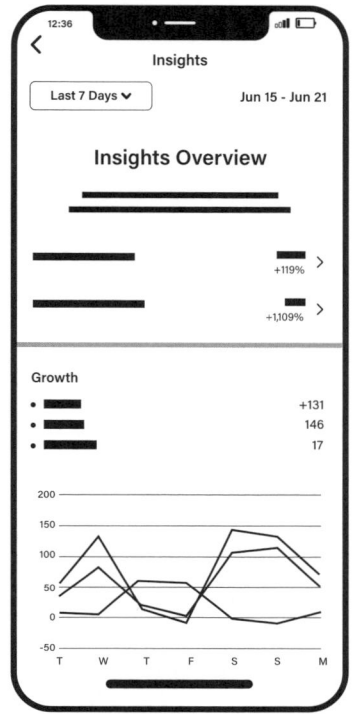

Instagram Insights

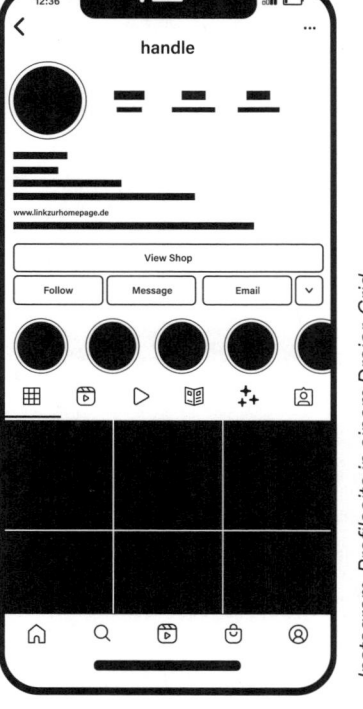

Instagram-Profilseite in einem Dreier-Grid

im Home Feed, alle Bilder untereinander dargestellt. Instagram bietet auch die Möglichkeit, mehrere Bilder in einem Post zusammenzufassen. Das nennt sich »Carousel Post« und wird durch ein Icon ⬚ am rechten oberen Bildrand symbolisiert.

Zu jedem Post kannst du eine Beschreibung hinzufügen, Accounts taggen und eine Location markieren. In der Beschreibung hast du die Möglichkeit, deinen Content mit bis zu 30 Hashtags (#) zu kategorisieren.

💡 **Tipp:** Speichere deine Top-Hashtags in einem Textdokument ab, um sie von dort herauskopieren zu können und nicht immer aufs Neue eingeben zu müssen.

🔲 Unter diesem Icon findest du **alle Posts, in denen dein Kanal getaggt wurde.** Es kann vorkommen, dass jemand deinen Account taggt, mit dem du dich oder deine Marke lieber nicht in Verbindung bringen willst. (Spam gibt es auch bei Instagram.) Dann kannst du den Tag entfernen und den Betreffenden melden.

📖 **Deine und andere Posts lassen sich in sogenannten Guides zusammenfassen.** Wie das Icon schon erahnen lässt, sind Guides mit kleinen Zeitschriften vergleichbar.

▷ **Unter diesem Icon verbergen sich alle Videos, die keine Reels sind.** Diese können bis zu 60 Minuten lang sein. Falls der eine oder die andere sich fragt, was aus IGTVs geworden ist: Die gibt es so nicht mehr. Das Angebot wurde in Instagram-TV umbenannt und ist mittlerweile nur noch eine eigenständige App.

▶ **Reels** sind sehr beliebt und werden aktuell vom Algorithmus stark bevorzugt. Die von TikTok inspirierten Kurzvideos dürfen auf Instagram aktuell maximal 30 Sekunden lang sein. Das Besondere an ihnen ist, dass die Ausspielung vom Inhalt abhängt und damit die organische Reichweite extrem hoch sein kann. **Die Herausforderung ist hier, alles so kompakt wie möglich zu halten.**

Wie auf mittlerweile fast allen Plattformen gibt es auch auf Instagram **Stories**, also Foto- und Video-Slideshows, die für 24 Stunden sichtbar bleiben. Instagram bietet eine große Anzahl an Stickern, die die Interaktion via Stories erleichtern. Das sind zum Beispiel Location Tags, Markierungen, Hashtags, Musik, Links, Umfragen und Quizfragen. Außerdem eine Menge GIFs, und Emojis. Stories sind zwar zeitlich begrenzt online, **du hast aber** die Möglichkeit, deine eigenen Stories in deinen »Highlights« für eine längere Zeit verfügbar zu machen.

✦ Wenn du Fotos oder Stories direkt in der App produzierst, stehen viele **Filter** zur Verfügung. Jeder kann seine eigenen Filter gestalten und bereitstellen. Auch das ist eine Methode, um auf sein Profil aufmerksam zu machen. *@deinehomegirls* haben zum Beispiel einen Filter, bei dem ihr Logo als Facetattoo projiziert wird. Durch den coolen Look wird es von vielen Nutzer:innen verwendet und damit verbreitet.

Technische Eckdaten wie Profil- und Titelbildgrößen, Post- und Videoanforderungen ändern sich schnell. Im Internet findest du die unterschiedlichen Spezifikationen, du solltest also immer wieder überprüfen, ob noch alles den aktuellen Anforderungen entspricht. 🔗 **33.1**

Wenn du mehr Menschen auf deine Website lenken willst, ist Instagram nicht die richtige Wahl, **weil du in deinem Profil nur an einer Stelle einen Link platzieren kannst.** User:innen verweisen in Posts oft auf den »Link in der Bio«, also den Link in deiner Account-Beschreibung. Um diesen Link bestmöglich auszunutzen, verwenden viele Accounts Landingpages, die unterschiedliche Links gebündelt darstellen. Leicht umzusetzen ist dies beispielsweise über den Anbieter Linktr.ee (Achtung: Nicht datenschutzkonform. Besser erstellst du dir manuell eine Landingpage auf deiner Website). Viele Planungstools wie zum Beispiel *Later* bieten in ihren Pro-Versionen zusätzliche »Link in Bio«-Funktionen. 🔗 **33.2**

Unter der Linkplatzierung kannst du als Business-Account auch deine Mailadresse und eine Telefonnummer als Buttons hinterlegen. Außerdem kannst du mit »Action Button« auf Websites von Dritten (Eventbrite, Yelp, OpenTable etc.) verlinken. Deine Follower:innen können damit direkt aus Instagram heraus zum Beispiel Essen bestellen, Buchungen tätigen oder Termine reservieren. Hier kannst du auch wie zum Beispiel der Account *@Snipes* unter dem Label *Shop* deine Produktübersicht implementieren. 🔗 **33.3**

Gelungene Unternehmens-Accounts: 🔗 **33.4**
@mymuesli schafft durch knallige Untergrundfarben einen einheitlichen, schicken Look, der der Brand und den illustrativen Verpackungen entspricht und diese gut widerspiegelt.

@amorelie bespielt ihren Kanal nicht nur mit klassischen Produktfotografien, sondern vermittelt durch Lifestyle-Bilder, Zitate und Illustrationen auch eine Haltung bzw. ein Image.

@bloomandwild_dach verwendet auf Instagram viele Bilder von echten Kund:innen. Das wirkt authentisch und unterstreicht, dass die Blumensträuße tatsächlich so aussehen wie versprochen.

@habibi.you.know gestaltet seinen Feed über einzelne Posts hinaus, sodass in der Feed-Übersicht ein zusammengesetztes Bild aus den einzelnen Posts entsteht.

TikTok

TikTok ist eine Videoplattform, die vom chinesischen Unternehmen ByteDance betrieben wird. **Im Feed der Nutzer:innen wird ein Video nach dem anderen abgespielt.** TikTok ist der Nachfolger der App musical.ly, die ursprünglich für die Lippensynchronisation von Musikvideos verwendet wurde. Seit 2018 ist TikTok die sich am schnellsten verbreitende App der Welt.

TikTok ist vor allem bei der Generation Z beliebt. Die besonders junge Zielgruppe ist durchschnittlich zwischen **16 und 24 Jahre** alt.[10]

Die Videos können aktuell zwischen 15 Sekunden und 3 Minuten lang sein und sind meistens mit Audio unterlegt. Videos können gelikt ♥, kommentiert 💬 und geteilt ➔ werden. Accounts kannst du folgen. **Auf TikTok steht der Inhalt extrem im Vordergrund.** Videos können unabhängig von der Bekanntheit eines Profils viral gehen. Das bedeutet im Umkehrschluss, dass eine große Reichweite nicht unbedingt garantiert, dass jedes gepostete Video gut performt.

Videos können direkt in der App erstellt und bearbeitet werden. Inhaltlich ist es dabei entscheidend, authentisch zu sein. Mit dem Satz

»Don't make ads, make TikToks« ruft die App dazu auf, traditionelles Marketing neu zu denken. Die Tagesschau bespielt ihren Kanal mit lustigen Behind-the-Scenes-Clips, interessanten News und selbstironischen Missgeschicken. Die Mischung aus »sich selbst nicht zu ernst nehmen« und informativen Posts ist genau die Mischung, die bei der Generation Z gut ankommt.

Technische Eckdaten ändern sich schnell. Im Internet findest du die unterschiedlichen Spezifikationen, überprüfe also kontinuierlich, ob noch alles den aktuellen Anforderungen entspricht. 🔗 **34.1**

Trends auf TikTok bewegen sich mit Lichtgeschwindigkeit. 16 % aller Tik-Tok-Videos stammen aus Hashtag-Challenges.[11] Bei der **#CelebLook-Alike-Challenge** geht es zum Beispiel darum, Bilder von Celebrities nachzustellen, denen man ähnlich sieht. Dagegen ist **#cleansnap** eine Challenge, bei der zugemüllte Ecken aufgeräumt und in einem Vorher-nachher-Vergleich gezeigt werden.

Aktuelle Trends findest du in der App unter Discover. Hashtags können die Ausspielung stark beeinflussen.

10 – https://www.futurebiz.de/artikel/tiktok-statistiken-2019/
11 – https://blog.hubspot.de/marketing/tik-tok

Wenn du über 1.000 Follower:innen hast, kannst du mit TikTok auch live gehen. Das ist eine gute Möglichkeit, der Community noch näher zu sein. In einem Livestream lassen sich zum Beispiel gut Fragen beantworten, oder du kannst einen filterlosen Einblick in deinen Alltag geben.

Junge User:innen sind besonders sensibel, was politisch korrekte Sprache angeht. Bemühe dich um eine gendergerechtere Sprache und beziehe alle Geschlechter in deine Kommunikation mit ein. Betrachte deine Follower:innen als Individuen und stecke sie nicht in Schubladen.

Gelungene Unternehmens-Accounts: 🔗 **35.1**

@aldinord bespielt seinen Account mit unterschiedlichen Formaten wie »Trendcheck« oder »Pimp my Food«.

@justspices inspiriert durch Kurzanleitungen zum Zubereiten leckerer Gerichte.

@derjurist beantwortet auf TikTok alle möglichen Rechtsfragen seiner Followerschaft.

@omochiicecream ermöglicht auf aufgedrehte Art und Weise Blicke hinter die Kulissen und auf kreative Mochi-Figuren.

TikTok Home Feed

Twitter

Auf dem Microbloggingdienst Twitter können Nutzer:innen Kurznachrichten teilen. Obwohl Twitter im Vergleich zu Instagram und Facebook weniger aktive User:innen hat (199 Millionen täglich aktive Nutzer:innen[12]), wird es immer wieder in den Nachrichten zitiert. **Das liegt an den häufig relevanten Inhalten** und der hohen Dichte an Politiker:innen und Journalist:innen, die auf Twitter aktiv sind.

In einer Zielgruppenstudie hat Twitter vier typische Nutzergruppen genannt: **Millennials**, 48 % der Nutzer:innen in Deutschland sind zwischen 18 und 34 Jahre alt, sowie **Mütter**, größtenteils berufstätige, **Meinungsführer:innen** und **Besserverdienende.**[13]

»Tweets« 🗲, so werden die kurzen Textnachrichten genannt, sind limitiert auf 280 Zeichen und lassen sich im Nachhinein nicht mehr bearbeiten. Durch die Zeichenlimitierung fassen sich User:innen auf Twitter kurz und beschränken sich auf das Wesentliche.

Du kannst eine Nachricht aber auch in mehrere aneinandergereihte Tweets fassen ⊕, das nennt sich dann »Thread«. In diesem Fall solltest du in jeder Nachricht vermerken, wie viele Teile noch folgen (z. B. 1/3).

Es können **Fotos, Videos, Umfragen und Links** gepostet werden. Das Konzept schnelllebiger Inhalte ist besonders in der Kommunikationsbranche und im Echtzeitmarketing erfolgreich.

Mit **Hashtags** können Tweets bestimmten Themen zugeordnet werden. Einige TV-Shows definieren Hashtags, unter denen man sich über einen Second Screen wie das Smartphone online mit anderen Zuschauer:innen über die TV-Inhalte austauschen kann.

Unter der Kategorie *Entdecken* werden die aktuell am häufigsten verwendeten Hashtags und Begriffe sowie gerade besonders beliebte Tweets angezeigt.

In Unterhaltungen werden andere Nutzerprofile mit einem @ markiert, was die Interaktion mit anderen Nutzer:innen erhöht. Tweets können mit oder ohne Kommentar retweetet werden. **Inhaltlich ist Twitter sehr aktuell, und es wird in schneller Frequenz veröffentlicht.** Du kannst deshalb bedenkenlos mehrmals am Tag tweeten.

Über *Listen* kannst du Beiträge einer von dir definierten Nutzergruppe zu einem bestimmten Thema zusam-

12 – https://www.futurebiz.de/artikel/twitter-statistiken-nutzerzahlen/
13 – https://www.wuv.de/tech/zielgruppen_studie_wer_alles_twitter_nutzt

menfassen und dir die entsprechenden Tweets gesammelt anzeigen lassen.

Technische Eckdaten wie Profil- und Titelbildgrößen, Post- und Videoanforderungen ändern sich schnell. Im Internet findest du die unterschiedlichen Spezifikationen, stelle also fortlaufend sicher, dass alles den aktuellen Anforderungen entspricht. 🔗 **37.1**

Eine übersichtliche Darstellung der Inhalte kannst du dir auf **Tweetdeck** – einem Social-Media-Dashboard-Tool zum Managen von Twitter-Konten – individuell einrichten 🔗 **37.2**. Hier siehst du deine Erwähnungen, News und Nachrichten. Außerdem kannst du Tweets für die zukünftige Veröffentlichung planen.

Neben den Kurznachrichten bietet Twitter mittlerweile Funktionen wie Twitter-Spaces und Audio-Tweets.

Audio-Tweets sind auf 140 Sekunden limitierte Sprachnachrichten, die wie Tweets veröffentlicht werden können.

Spaces ist ein Audiochat-Feature, in dem sich Gruppen zu einer Art Online-Podiumsdiskussion treffen können. Es ähnelt der App *Clubhaus*, die Anfang 2021 gelauncht und sehr gehypt wurde. Mit **Fleets** gab es eine Zeit lang auch eine Story-Funktion bei Twitter, die mangels Erfolg aber nach acht Monaten schon wieder eingestellt wurde.

Gelungene Unternehmens-Accounts: 🔗 **37.3**
Erfolgreiche Twitter-Kampagnen kommen zum Beispiel von *@bvg_Kampagne* und *@DB_Cargo*, die besonders lustigen Content veröffentlichen. Als Unternehmen muss man aber nicht nur Unterhalter sein: *@n26* und *@mfnberlin* beweisen, dass Twitter auch die Möglichkeit bietet, sich an gesellschaftlichen Debatten zu beteiligen oder Hintergrundinformationen und Updates zu Ereignissen und Entwicklungen zu veröffentlichen.

Auf Twitter erzielen außerdem Accounts wie *@SZ*, *@ZDF*, *@derspiegel* oder andere Akteure aus dem Medienbereich mit ihren News eine große Reichweite.

LinkedIn

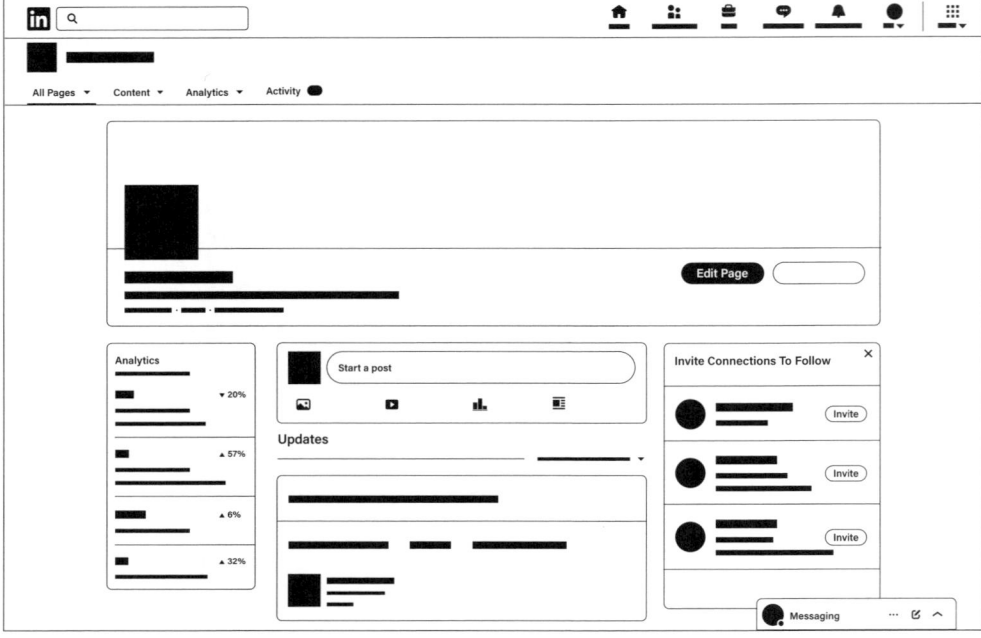

LinkedIn-Unternehmensseite (Admin View), schematisch dargestellt

LinkedIn ist ein Netzwerk für internationale berufliche Kontakte. Xing ist eine vergleichbare Plattform für den deutschsprachigen Raum. Wie die meisten Social-Media-Plattformen ist LinkedIn zunächst kostenlos.

60 % der User:innen sind zwischen **25 und 34 Jahre** alt. Davon sind 43 % weiblich und 57 % männlich.[14]

Du kannst dich und dein Unternehmen in einem seriösen Kontext umfassend vorstellen, Kontakte knüpfen, Mitglieder suchen und ihnen schreiben. Falls eine Person ihren Account allerdings nicht zur Kontaktaufnahme freigeschaltet hat, kannst du diese nur mit dem kostenpflichtigen Premium-Account erreichen, der erweiterte Funktionen bietet. Im Rahmen des Premium-Business-Programms kannst du nicht nur LinkedIn-Kontakte über *InMails* kontaktieren, ohne dass ihr vernetzt seid, du kannst außerdem verschiedene Kurse belegen, um dich fortzubilden, und detailliertere Company Insights einsehen.

14 – https://www.statista.com/statistics/273505/global-linkedin-age-group/
15 – https://blog.hubspot.de/marketing/linkedin-unternehmensprofil

Auf LinkedIn gibt es ähnlich wie auf Facebook Privat- und Unternehmensseiten. Um eine Unternehmensseite erstellen zu können, muss dein privates Profil mindestens sieben Tage online und zu 50 % gefüllt sein. Laut *blog.hubspot* ist ein LinkedIn-Unternehmensprofil für 94 % der B2B-Marketingexperten zu einem unerlässlichen Tool geworden.[15] **Die Seite dient dem Netzwerken, dem Recruiting, der Akquise von Kooperationspartner:innen und um das eigene Branding zu stärken.**

In **LinkedIn-Gruppen** kann man sich vernetzen und relevante Informationen teilen. Nutzer:innen schließen sich zu verschiedenen Themen zusammen, um sich über Trends und die aktuelle Entwicklung der jeweiligen Branche auszutauschen.

Technische Eckdaten wie Profil- und Titelbildgrößen, Post- und Videoanforderungen ändern sich schnell. Im Internet findest du die unterschiedlichen Spezifikationen, du solltest also kontinuierlich überprüfen, ob noch alles den aktuellen Anforderungen entspricht. 🔗 **39.1**

Durch den beruflichen Kontext sind Sprache und Verhalten auf LinkedIn in der Regel förmlicher als auf anderen Kanälen. Deine Seite sollte das aktuelle Geschehen und interessante Updates rund um dein Unternehmen und deine Branche widerspiegeln. Das kann in Form von Text-, Bild- oder Videobeiträgen passieren oder durch engagierte Diskussionen zu branchenrelevanten Beiträgen. **Qualität steht hier definitiv über Quantität.** Achte darauf, dass Inhalte das Interesse der Betrachter:innen treffen und ihnen einen Mehrwert bieten.

Auf LinkedIn kannst du nicht nur deine Unternehmensseite, sondern auch sehr gut dich selbst als Geschäftsführer:in präsentieren. Menschen identifizieren sich schneller mit anderen Menschen als mit Unternehmen. Das zeigt zum Beispiel *Bill Gates*, der mit 35 Millionen Follower:innen weit vor Microsoft mit 16 Millionen Follower:innen liegt.

Gelungene Unternehmens-Accounts: 🔗 **39.2**
Beispiele für gut geführte LinkedIn-Profile bieten die Unternehmerin *Lea-Sophie Cramer*, Co-Gründerin von Amorelie, und *Frank Thelen*, ebenfalls Unternehmer. Außerdem ist *IKEA* zu nennen, das sich über LinkedIn als ein besonders weltoffenes und nachhaltiges Unternehmen präsentiert.

Pinterest

Pinterest ist eine digitale Pinnwand, ein soziales Netzwerk und eine Suchmaschine. Nutzer:innen gehen auf Pinterest, um sich inspirieren zu lassen und etwas zu finden. Sie haben im Allgemeinen ein hohes Kaufinteresse, wodurch es für Unternehmen sehr interessant ist, sich dort mit ihrem Angebot zu präsentieren. Das Netzwerk verzeichnet rund 442 Millionen aktive User.

Mit einem Anteil von 69 % nutzen Pinterest mehr Frauen als Männer. Das durchschnittliche Alter liegt zwischen **18 und 44 Jahren**. Interessant ist, dass 74 % der Zugriffe über ein mobiles Gerät erfolgen. Du solltest deine Posts also unbedingt für diese Darstellung optimieren.[16]

Die dargestellten **»Pins« können Bilder, Videos und GIFs sein.** Diese sind mit Begleittexten versehen und hinterlegen Links auf Webseiten. Die Suchmaschinenfunktion und das Hinterlegen der Websites führt zu einer sehr hohen Click-through-Rate. Das bedeutet: Mit Pinterest kannst du die Klicks auf deine Website oder deinen Webshop enorm erhöhen. Neben Likes, Kommentaren und dem »Merken« von Pins ist das Schreiben von Direktnachrichten möglich. Unter diesem Link findest du eine Anleitung für deinen ersten Pin. 🔗 **40.1**

Es gibt private Profile und Unternehmensprofile. Beide sind kostenfrei. Mit einem Unternehmensprofil bekommst du mehr Informationen über das Verhalten deiner Follower:innen auf Pinterest. Diese können deinem Profil folgen oder einzelnen von dir erstellten Pinnwänden. Einzelne Beiträge können jeder beliebigen Pinnwand hinzugefügt werden.

Pinterest Home Feed

Es gibt die Möglichkeit, private, nur für dich sichtbare, oder öffentliche Pinnwände anzulegen. Mit einzelnen Pins, Pinnwänden oder Accounts kannst du interagieren.

Als Unternehmen kannst du sogenannte **»Rich-Pins«** erstellen, die zusätzliche Informationen wie zum Beispiel Preis und Verfügbarkeit direkt im Pin anzeigen und mit deiner Webseite automatisch synchronisiert werden. 🔗 **41.1**

Technische Anforderungen ändern sich schnell. Im Internet findest du die unterschiedlichen Spezifikationen. Überprüfe fortlaufend, ob noch alles den aktuellen Anforderungen entspricht. 🔗 **41.2**

Visueller Content steht bei Pinterest ganz klar im Fokus. Besonders Videoinhalte werden durch den Algorithmus auf Pinnwänden prominent platziert. Die Qualität der Inhalte ist auf Pinterest hochwertig. **Du kannst dir die Plattform als digitales Schaufenster vorstellen. Du solltest deine Produkte also stilvoll und attraktiv präsentieren.** Anstelle von aufdringlicher Werbung funktioniert auf Pinterest subtilerer Content. Er sollte inspirieren und den Interessierten einen Mehrwert bieten. Dadurch, dass der Schwerpunkt bei Pinterest auf der Empfehlung interessanter Inhalte liegt und nicht so sehr auf der Vernetzung untereinander, brauchst du dir keine Sorgen zu machen, wenn die Followerzahl nicht so schnell steigt. Viel wichtiger sind die monatlichen Aufrufe, Impressionen und Klicks auf deine Pins.

Überschrift, Beschreibungen, Boardtitel, Kurzbiografie und Tags sind vor allem für die Suchfunktion sehr wichtig. Durch entsprechende Keywords werden deine Inhalte besser ausgespielt, und deine organische Reichweite steigt.

Im Vergleich mit den anderen Plattformen performen Posts auf Pinterest etwas nachhaltiger. Auch ältere Beiträge können noch relevant sein.

Gelungene Unternehmens-Accounts: 🔗 **41.3**
Besonders stark vertreten sind die Bereiche Food, wie zum Beispiel *Hello Fresh*, Fashion, zum Beispiel *WEEKDAY*, und Home, etwa *MADE.COM*. Außerdem DIY, wie etwa *Bauhaus*, Kunst und Beauty, zum Beispiel der *Maybelline*-Account. Aber es finden sich mittlerweile fast alle Themen auf Pinterest.

YouTube

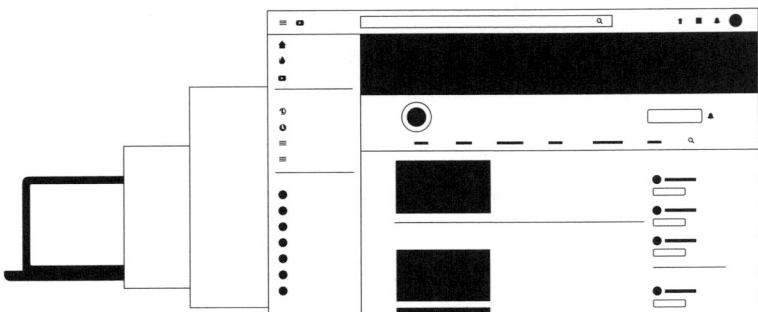

YouTube ist nach Google die zweit-
größte Suchmaschine der Welt.
**Täglich werden über eine Milliarde
Stunden an YouTube-Videos ange-
sehen,** das ist mehr als auf Netflix und
Facebook zusammen.[17]

20- bis 29-Jährige machen mit 23 %
den größten Anteil der User:innen aus.
40- bis 49-Jährige bilden einen Anteil
von 21 % und 30- bis 39-Jährige finden sich mit 20 % in ähnlicher Stärke
auf YouTube. Mit 1,9 Milliarden monatlich aktiven Nutzer:innen zeigt sich ein
breites Spektrum an Nutzergruppen
auf dieser Plattform.

Die Benutzer:innen können auf dem
Portal kostenlos Videoclips ansehen,
bewerten, kommentieren und selbst
hochladen. Wenn du ein Video hochladen möchtest, musst du einen eige-

nen Kanal erstellen. Dafür brauchst du
ein Google-Konto. Hinterlege möglichst vollständig die von YouTube ab-
gefragten Angaben und verlinke deine
Website und die Kanäle, auf denen du
sonst noch aktiv bist.

Nach dem Hochladen eines oder
mehrerer Videos kannst du einen
Account-Trailer festlegen, der automatisch startet, sobald jemand auf deine
YouTube-Page kommt. Dazu eignet
sich ein Video, das dein Business vor-
stellt oder das am besten bei deinen
User:innen angekommen ist.

Jedes Video hat einen Titel, der leicht
verständlich sein sollte, sowie eine
Beschreibung. Hier kannst du Hintergrundinformationen zum Video und
zu deiner Marke liefern, außerdem
Webseiten und Social-Media-Kanäle

17 – https://www.brandwatch.com/de/blog/statistiken-youtube/

verlinken. Beim Hochladen des Videos kannst du außerdem ein Thumbnail definieren. Das ist das Vorschaubild des Videos, das zum Anschauen animieren sollte.

Videos mit hohem Userengagement werden auf YouTube gut ausgespielt. User:innen können Videos liken, disliken und kommentieren. Direktnachrichten sind hier nicht möglich. Die Plattform versucht, Nutzer:innen so lange wie möglich auf der Seite zu halten, weshalb Videos an unterschiedlichen Stellen schon auf das nächste, vom Algorithmus ausgewählte Video verlinken. Das kannst du dir zunutze machen, indem du Videos mit verwandten Inhalten in Playlists zusammenfasst oder am Ende des Videos Thumbnails von möglichen Folgevideos platzierst. Details kannst du im Upload-Prozess festlegen.

Technische Eckdaten wie Profil- und Titelbildgrößen sowie Videoanforderungen ändern sich schnell. Im Internet findest du die unterschiedlichen Spezifikationen. Stelle also sicher, dass noch alles den aktuellen Anforderungen entspricht. 𝒫 **43.1**

Auf YouTube gibt es alle Arten von Videos, Filmen, Musikvideos, Trailern,

Tutorials und so weiter. Wenn es dir gelingt, das Interesse deiner Zielgruppe zu treffen, und du Kund:innen besonders nützlichen Content anbietest, werden sie deine Videos mit hoher Aufmerksamkeit konsumieren.

Soll der Account organisch wachsen, empfiehlt es sich, regelmäßig neue Videos zu veröffentlichen. Ein Video pro Woche ist eine gute Frequenz. **Bei einer Veröffentlichung hilft es, dein Video auf allen deinen aktiven Plattformen zu bewerben und zu teilen.**

Im **YouTube-Studio** findest du eine Übersicht deiner Videos sowie ihrer Performance. Du kannst hier deine Kommentare organisieren und Videotexte auch im Nachhinein noch bearbeiten. Außerdem steht hier eine umfangreiche Audio-Mediathek zur Verfügung.

Die Inhalte unterscheiden sich, **manche Videos sind unterhaltend, andere leiten an oder geben Tipps zu bestimmten Themen.** Manche Videos werden als professionelle Werbevideos produziert – aber auch hier sind die am erfolgreichsten, die nicht nur ein Produkt präsentieren, sondern unterhalten oder einen Mehrwert bieten.

☰ ▶ Studio 🔍

Inhalte des Kanals

Uploads   Livestreams

☰ Filter

☐ Video	Sichtbarkeit	Einschränkungen	Datum

Mein Kanal

▪▪ Dashboard
▶ Inhalte
≡ Playlists
▪▪ Analytics
▣ Kommentare
▭
© ▬
$ ▬
⚗ ▬

⚙ ▬
❗ ▬

YouTube-Studio, schematisch dargestellt

YouTube bietet die Möglichkeit, live zu streamen. Damit kannst du deine Community in Echtzeit ansprechen. Das eignet sich zum Beispiel für Veranstaltungen, Kurse oder Workshops. Mit **YouTube Shorts** bietet die Plattform wie Instagram und TikTok die Möglichkeit, Kurzvideos mit einer Länge von 15 bis 60 Sekunden zu teilen.

Das Premium-Upgrade der Plattform lohnt sich eher für Konsument:innen als für diejenigen, die Content anbieten.

Zu den Benefits gehört unter anderem das Abspielen der Videos ohne Werbung und eine Download-Funktion.

💡 **Tipp:** Creator Insider ist ein Kanal von Techniker:innen aus dem YouTube-Team, auf dem neue Features und News vorgestellt werden. 🔗 **44.1**

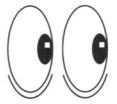

**Gelungene Unternehmens-
Accounts:** ⊘ **45.1**
Black Roll nutzt YouTube, um Anwendungsbeispiele ihres Produkts zu
präsentieren.

Die Online-Kollaborations-Plattform
Miro bietet auf YouTube Tutorials für
Einsteiger und Fortgeschrittene und
hilft damit nicht nur Nutzer:innen,
sondern stellt auch das Tool umfang-
reich vor.

Hornbach inspiriert Kund:innen auf
YouTube mit sympathischen »Macher-
Stories«. In der Kategorie *Meister-
schmiede* unterstützen Tutorials
außerdem beim Heimwerken.

Die Techniker informiert über Gesundheitsthemen aller Art.

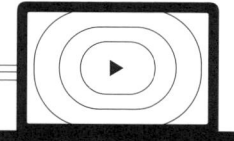

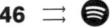

Spotify

Der Audiostreamingdienst bietet neben Musik auch Hörbücher und Podcasts zum Online- und Offlinehören.

80 % der **14-bis 29-Jährigen** in Deutschland nutzen Musikstreamingdienste mindestens wöchentlich. Dabei ist Spotify der mit Abstand am meisten genutzte Anbieter.[18]

Mit Podcasts stehen auf Abruf Serien von Medienbeiträgen zu allen erdenklichen Themen zur Verfügung. Und neben der Chance, in angesagten Podcasts Werbung zu schalten, besteht hier auch die Möglichkeit, in branchenspezifischen Podcasts als Interview-Partner:in präsent zu sein. Aber natürlich kannst du auch selbst einen eigenen Podcast aufnehmen.

Über dieses Medium erreichst du genau diejenigen, die sich wirklich für dein Thema interessieren. Schließlich haben sie aktiv auf *Play* gedrückt. Wenn du etwas zu sagen hast, kannst du dich mit Podcasting gut

positionieren und mit Zuhörer:innen Aktivitäten rund um deine Marke und dein Angebot realisieren. Oft werden auch Gastredner:innen und Fachleute eingeladen, um im Gespräch einen interessanten Einblick zu geben.

Technische Eckdaten und Anforderungen ändern sich schnell. Im Internet findest du die aktuell für Spotify gültigen Spezifikationen. Überprüfe immer mal wieder, ob du diesen Anforderungen noch entsprichst. 🔗 **46.1**

Auch Podcasts haben Titel und Beschreibungen – sogenannte **Shownotes**. Verwende für deine Branche interessante Keywords und werde so leichter von Interessierten gefunden.

💡 **Tipp:** Spotify ist natürlich nicht die einzige Plattform, über die du deine Podcasts veröffentlichen kannst. Wenn du einen eigenen Podcast produzieren möchtest, prüfe am besten, ob du ihn auch über andere Plattformen wie zum Beispiel Apple Music oder Stitcher verbreiten kannst.

18 – https://www.ard-zdf-onlinestudie.de/files/2020/2020-10-12_Onlinestudie2020_Publikationscharts.pdf

Gelungene Unternehmens-Accounts: 🔗 47.1

Das Audiosystem *Tonies* richtet sich mit dem Podcast »Der Tonie Podcast« an alle erwachsenen Hörspielfans und damit an viele potenzielle Käufer:innen.

Um das Markenbewusstsein zu stärken, erzählt *Lufthansa* die Science-Fiction-Geschichte »Backup«.

Sephora hat zum Produktlaunch einer neuen Lippenstiftmarke die Reihe *#Lipsstories* ins Leben gerufen, in der unterschiedlichste Frauen von Momenten erzählen, in denen sie sich schön gefühlt haben.

Die *AOK* informiert im Podcast »Morphium und Ingwer« über Gesundheitsthemen, und *Hornbach* lädt

Macher:innen in seinem Podcast »Werkstattgespräche« dazu ein, sich über interessante Projekte auszutauschen.

Weitere Beispiele sind *Salon Holofernes, Madame Moneypenny, Rechtsbelehrung, ThemaTakt – Der HipHop- und Musik-Business Podcast, Grauwert303* – und es gibt noch viele mehr!

Der italienische Nahrungsmittelkonzern *Barilla* hat sich für seine außergewöhnliche Marketingstrategie die Spotify-Playlisten-Funktion zunutze gemacht. Die eigens erstellten Playlists dienen mit atmosphärischer italienischer Musik als Timer, und wenn die Playlist endet, sind die Nudeln al dente.

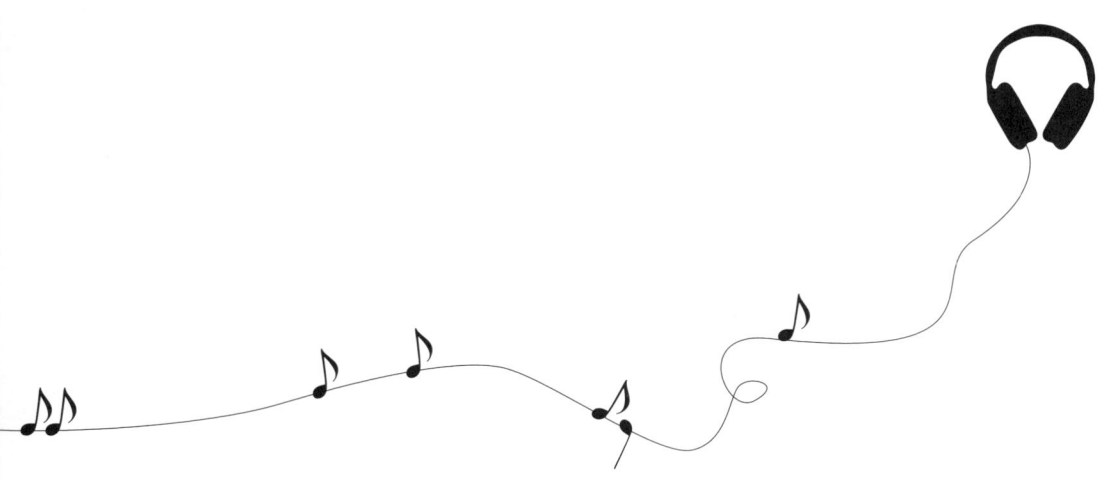

Website

Soziale Netzwerke sollen deine Website ergänzen und nicht ersetzen. Wenn du nicht schon eine hast, solltest dir also überlegen, ob du zusätzlich zu deinen Aktivitäten in den sozialen Netzwerken auch eine eigene Website aufbauen möchtest. **Auf deiner Website laufen alle Marketingfäden zusammen.** Das heißt, hier sollten auf jeden Fall alle Informationen aktuell und korrekt sein. Vielleicht ist dein Angebot ja auch ein Produkt, das sich in einem Webshop anbieten und verkaufen lässt. Mit einem integrierten Blog kannst du außerdem Updates und Kampagnen schnell und einfach veröffentlichen.

Der Vorteil an deiner Website ist, dass das Hausrecht bei dir liegt. Außerdem bist du damit unabhängiger von anderen Plattformen. Sollte dein Social-Media-Account einmal gelöscht werden oder wird ein Dienst sogar vom Netz genommen, bietet deine Website einen zuverlässigen Kanal, über den deine aufgebaute Community dich weiterhin erreichen kann.

💡 **Tipp:** Denk daran, dass deine Website immer ein Impressum und eine Datenschutzseite braucht.

Webseiten lassen sich mittlerweile ziemlich einfach über Website-Baukästen erstellen. Die meisten Anbieter nehmen dafür allerdings eine monatliche Gebühr. Beispiele dafür sind JIMDO, Shopify und WiX 🔗 **48.1**. Mit ein bisschen Know-how kannst du dir aber auch eine Seite kostenlos über WordPress erstellen. 🔗 **48.2**

Um dem Thema Website gerecht zu werden, braucht es mehr als ein Kapitel in diesem Buch. Falls du jetzt deine Website erstellen oder erweitern willst, ich empfehle dir, dich umfassender zu informieren. Zum Beispiel erfährst du in diesem Video, wie du in 21 Schritten deine WordPress-Website erstellen kannst: 🔗 **48.3**

Ergänzend zu deinem Onlineauftritt können Flyer oder Plakate nach wie vor interessante, aber teure Kanäle sein, um dich bei den Menschen immer wieder ins Gedächtnis zu bringen. Idealerweise stoßen potenzielle Kund:innen an unterschiedlichen Orten auf deine Angebote – bis es schließlich zu einer Kaufentscheidung kommt. Offline- und Onlinewerbung können je nach Zielgruppe gut zusammenspielen, müssen es aber nicht.

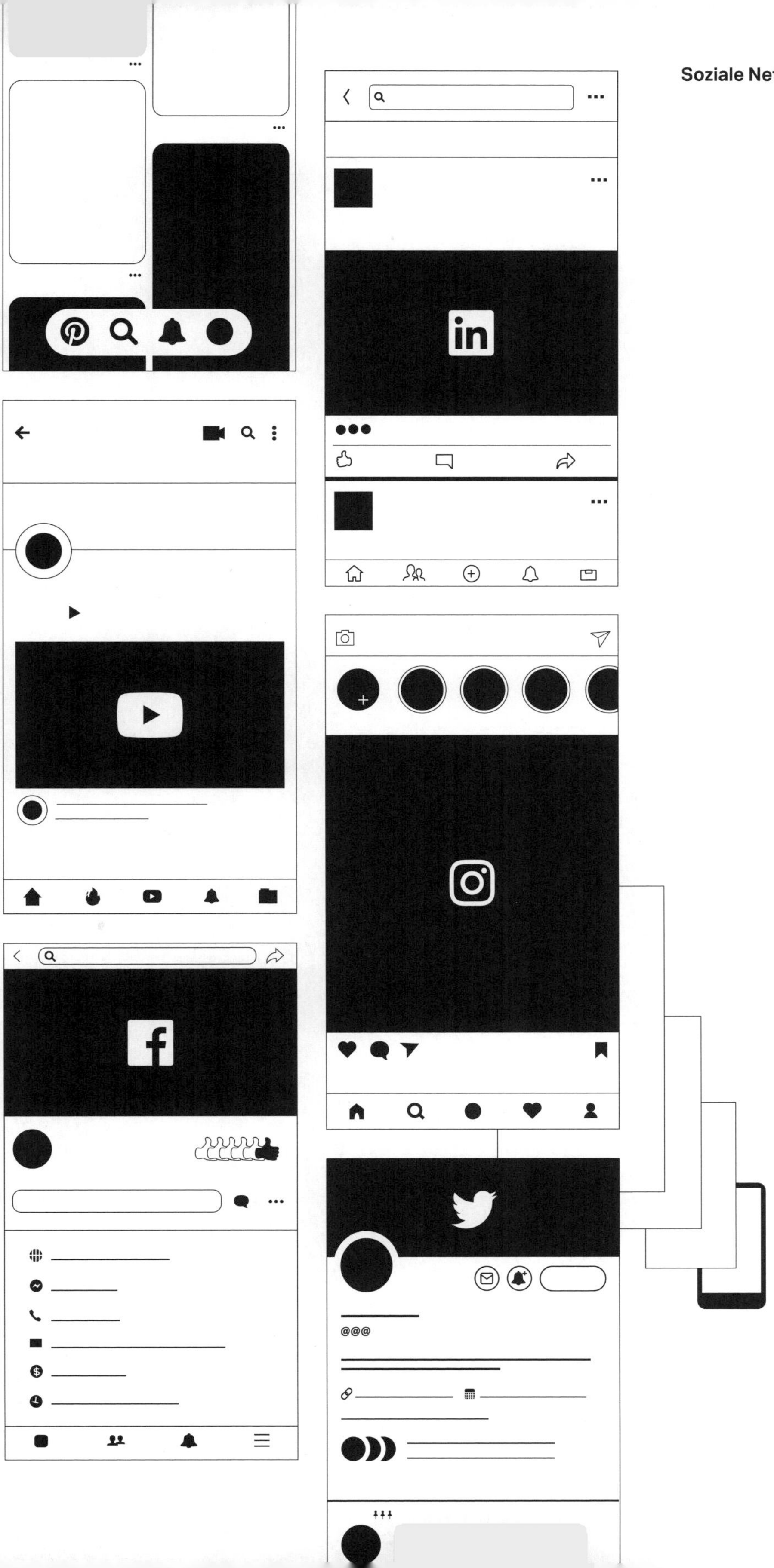

Plattformen im Vergleich

	Facebook	Instagram	TikTok	Twitter	
Beschreibung	lustig, familiär, emotional	durchdacht, inspirierend, kreativ	jung, schnell, ungefiltert, authentisch	persönlich, unterhaltend, schnell	
Nutzerzahl (weltweit, mindestens einmal im Monat)	2,5 Milliarden	1 Milliarde	1 Milliarde	330 Millionen	
Hauptnutzer	25–60 Jahre	14–29 Jahre	16–24 Jahre	18–34 Jahre	
Postzeit*	wenn es für deine Zielgruppe relevant ist	wenn deine Zielgruppe online ist	morgens zwischen 6 und 10 Uhr und abends zwischen 7 und 11 Uhr	über den Tag verteilt	
Postfrequenz*	1–4-mal pro Woche	1–7-mal pro Woche posten, zuzüglich Stories, verteilt über den Tag	1–7-mal pro Woche	2–10-mal am Tag (inklusive Reposts und Antworten)	

*Die Werte sind als Empfehlung zu betrachten. Jeder Account ist anders. Teste, was für dich am besten funktioniert.

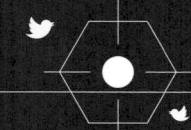

	LinkedIn	Pinterest	YouTube	Spotify
	fokussiert, professionell, beruflich	inspirierend, kreativ, visuell	unterhaltend, informierend	unterhaltend, ausführlich, präsent
	675 Millionen	442 Millionen	2 Milliarden	356 Millionen
	25–34 Jahre	18–44 Jahre	20–29 Jahre	14–29 Jahre
	während der Arbeitszeit	über den Tag verteilt	Mitternacht	Mitternacht
	1–7-mal pro Woche	3–14-mal pro Woche	wöchentlich	wöchentlich oder zwei-wöchentlich

	Facebook	Instagram	TikTok	Twitter
Formate/Funktionen	Foto, Video, Text, Stories, Livestream, Gruppen, Events, Shops	Fotos, kurze Videos, Stories, Livestream, Shops	kurze Videos	Texte, Links, Audionachrichten
Tipp	Potenzial durch auf Zielgruppen zugeschnittene Werbung	sei sozial	sei authentisch, richte dich nach Trends	retweete, antworte und nimm an Konversationen teil
Hashtags pro Post*	0–5	5–15	0–5	0–2
Besonderheit	organisches Wachstum schwer	wichtiger Werbekanal	organisches Wachstum momentan noch leicht	Posts dürfen nur 280 Zeichen haben
Business Insights	business.facebook.com/creatorstudio/home und https://business.facebook.com/latest/insights/	In-App	In-App	analytics.twitter.com

* Die Werte sind als Empfehlung zu betrachten. Jeder Account ist anders. Teste, was für dich am besten funktioniert.

	LinkedIn	Pinterest	YouTube	Spotify
	Text, Bilder, Links, Artikel	Bilder, Videos	kurze und lange Videos	Audioformate und kurze Videos
	füge deinen Texten Bilder oder Videos hinzu	erstelle mehrere thematisch ausgerichtete »Boards«	Videos brauchen erkennbaren Sinn	wirb über andere Kanäle für dein Format
	0–5	0–8	0–5	
	Businessnetzwerk	visuelle Suchmaschine	mehr als die Hälfte der Videos wird auf einem mobilen Device geschaut	Marktführer für Musikstreaming in Deutschland
	In-App	analytics.pinterest.com	studio.youtube.com	statsforspotify.com

Programmlogik

Wenn drei verschiedene Menschen zur selben Zeit das gleiche Netzwerk aufrufen, sehen sie drei unterschiedliche Startseiten. Die Plattformen generieren je nach deinem Nutzerverhalten und exakt nach deinen Vorlieben für dich zugeschnittenen Content.

Jeder deiner Klicks wird gespeichert und ausgewertet, und wenn du ein Bild mit süßen Hunden likst, werden dir bald viele süße Hundebilder vorgeschlagen, weil der Algorithmus gelernt hat, dass du sie magst. Er sortiert quasi Inhalte vor. Natürlich füttern wir ihn aktiv mit jeder unserer Interaktionen.

Der Algorithmus ist so komplex, dass wir ihn nie in seiner Gesamtheit verstehen könnten, weil viele Informationen auch nicht mit der Öffentlichkeit geteilt werden. **Aber es gibt dennoch Möglichkeiten, ihn zu beeinflussen.**

Der Algorithmus reagiert zum Beispiel auf Engagement. Je mehr Reaktionen es auf deinen Post gibt, desto eher wird er anderen vorgeschlagen. Die Idee dahinter ist, dass wahrscheinlich mehr Menschen einen Post kommentieren, wenn er für viele User:innen interessant ist. Das hat den Nachteil, dass man am Anfang etwas unter dem

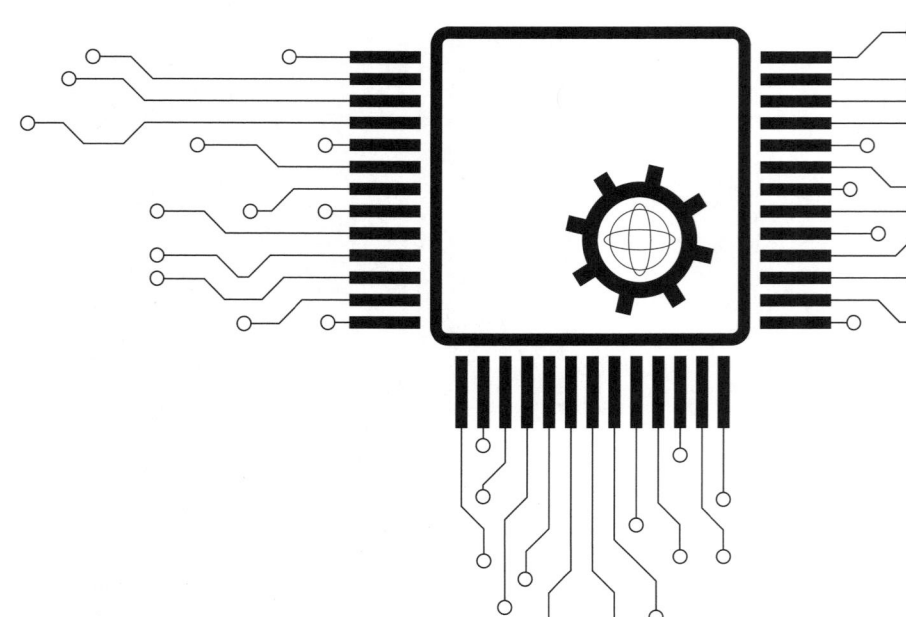

Radar fliegt. Wenn man aber erst mal eine bestimmte Reichweite erreicht hat, läuft es deutlich besser.

Genauso wie das Engagement anderer eine Rolle spielt, kannst du auch mit deiner Nutzung den Algorithmus beeinflussen. **Wenn du regelmäßig postest und ein aktiver Teil der Community bist, gewinnen deine Posts an Reichweite.** Influencer:innen erzählen, dass sie, um mehr Reichweite für humanitäre oder informative Themen in Stories zu bekommen, zwischendurch absichtlich persönlich vor die Kamera treten und ihr Gesicht zeigen, um durch den Algorithmus besser ausgespielt zu werden.

Der Algorithmus unterstützt primär die Markenziele der jeweiligen Plattform, darum lohnt es sich, als »Early Adopter« neue Funktionen und Plattformen früh zu nutzen. Das Interesse der Plattform besteht dann darin, das neue Feature und damit auch deinen Content bevorzugt auszuspielen. Durch die Priorisierung wird der Post mit mehr Aufmerksamkeit und organischer Reichweite belohnt.

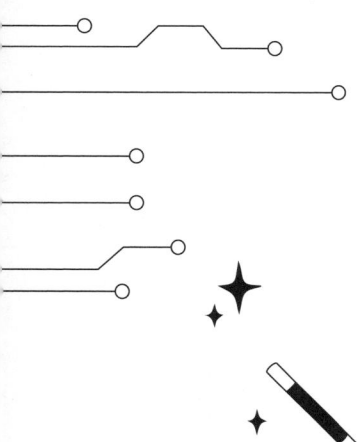

Die Algorithmen verändern sich laufend, sie passen sich den Trends in Social Media an und verstärken sie. Diese verändern sich natürlich mit der Zeit, deshalb solltest du dich laufend mit neuen Trends beschäftigen.

💡 **Tipp:** Überprüfe, wie deine Inhalte vom Algorithmus behandelt werden. Genauso wie er kannst auch du lernen und deine Aktivitäten entsprechend anpassen.

Die sozialen Medien nutzen eine Menge psychologischer Tricks, um die Screentime der Nutzer:innen hoch zu halten. Der Design-Ethiker Tristan Harris veröffentlichte 2016 einen Blogpost, in dem er jede Interaktion mit einem Glücksspiel vergleicht.[19] Gemeinsam mit anderen Interview-Partner:innen spricht er in der Netflix-Dokumentation »The Social Dilemma« über negative Einflüsse sozialer Medien und wie Nutzer:innen beeinflusst und manipuliert werden.

So fällt es zum Beispiel schwer, die App zu schließen, da man beim Scrollen niemals ein Ende erreicht. Dieses Verhalten befeuert unsere Neugier, denn man weiß nie, was als Nächstes kommt. Likes zeigen Wertschätzung, sind eine Bestätigung und machen glücklich. Auch Push-Nachrichten und die kleinen roten Benachrichtigungen fordern uns auf, die App zu benutzen. Ob du nun Interesse an dem neuen Inhalt hast oder einfach nur die Anzeige entfernen willst – du öffnest die App. Ein weiterer Trick sind Videoschleifen. Wenn das nächste Video automatisch gestartet wird, bleibt man potenziell länger in der App.

»Social Media isn't a tool that is waiting to be used. It has its own goals and its own means of pursuing them by using your psychology against you.« – The Social Dilemma

Das angesprochene Dilemma ist aus Marketingsicht allerdings ziemlich interessant. **So machen wir uns diese Mechanismen zunutze und erreichen Nutzer:innen gezielter, öfter und persönlicher.**

Hast du dich schon einmal gefragt, warum Menschen bestimmte Inhalte auf Social Media teilen? Die New York Times hat in einer Studie dafür folgende Gründe gefunden: um das Leben der anderen zu verbessern, zur Selbstdarstellung, um Beziehungen aufzubauen und zu pflegen, als Selbsterfüllung oder für eine gute Sache. Wenn dein Post eines dieser Kernbedürf-

19 – https://medium.com/thrive-global/how-technology-hijacks-peoples
-minds-from-a-magician-and-google-s-design-ethicist-56d62ef5edf3
20 – https://blog.hootsuite.com/de/social-media-und-psychologie/

nisse erfüllt, ist die Wahrscheinlichkeit, dass er geteilt wird, relativ hoch.[20]

Gestalte deine Inhalte so, dass sie spannend bleiben. Gib vielleicht am Ende eines Videos einen Ausblick auf deinen nächsten Inhalt. Ein anderes Phänomen ist, dass sich Menschen dazu verpflichtet fühlen, einen Gefallen zu erwidern. Wenn du also jemandem auf Social Media folgst, ist die Wahrscheinlichkeit, dass er auch dir folgt, relativ hoch. Zeige Interesse an deinen Follower:innen, frage sie nach ihrer Meinung und ihren Erfahrungen. Wenn Sie an deinem Angebot mitgestalten können, entsteht ein Zusammengehörigkeitsgefühl.

Aber von vorne. Bevor wir zur Content-Erstellung und zu Interaktionen kommen, werden wir im nächsten Kapitel erst einmal erarbeiten, welche deiner Eigenschaften du auf Social Media am besten in Szene setzen kannst und wen du wie und wo am besten erreichst.

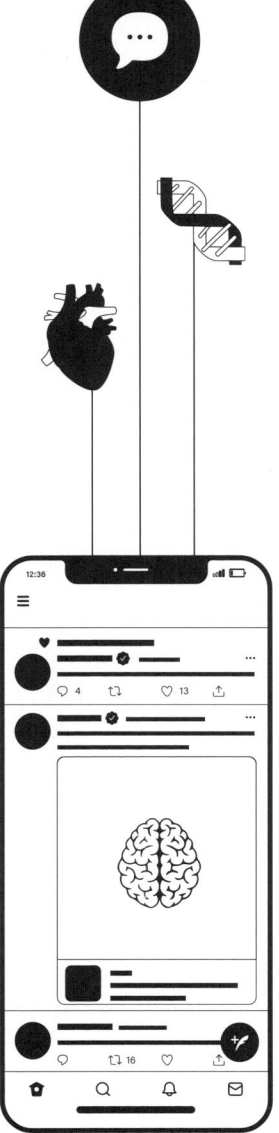

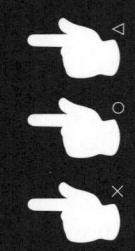

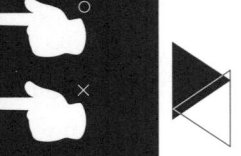

zwei: Deine Marke

Bevor es losgeht, musst du dir erst mal darüber klar werden, wie du dich im Markt hervorhebst.

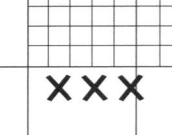

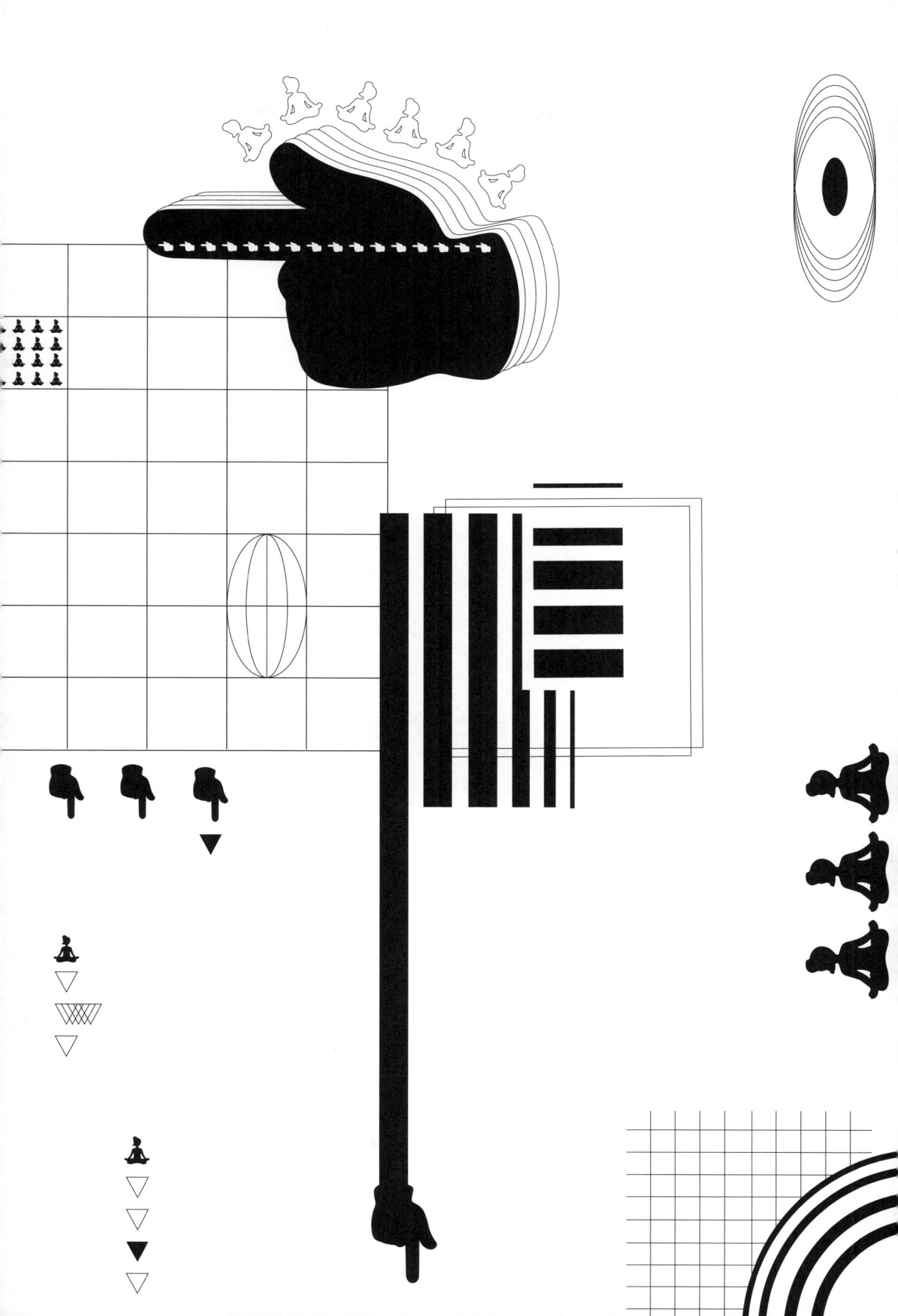

Du

Versuche, dich in diesem Kapitel mit dir selbst auseinanderzusetzen. Um selbstbewusst auftreten zu können, musst du selbstbewusst sein. Du musst wissen, was du verkörpern willst, welche Werte du vertrittst und was deine Kund:innen mit deinem Unternehmen oder Business assoziieren sollen. **Um glaubwürdig zu sein, darfst du dir in deinen Aussagen nicht widersprechen und musst auch bei Kleinigkeiten konsequent bleiben.**

 *Definiere dein Angebot. Bietest du ein Produkt an? Möchtest du eine Aktion oder einen Kurs promoten? Oder bietest du eine Dienstleistung an? Gibt es vielleicht verschiedene Angebote, die unterschiedliche Menschen/Zielgruppen ansprechen? Erinnere dich einmal daran, was dein erster Gedanke bei der Entwicklung deiner Idee war.*

Warum bietest du an, was du anbietest?

_____

_____

_____

Was ist dein Angebot in einem Satz?

_____

_____

_____

Was löst dein Angebot bei deinen Kunden aus?

_____

_____

_____

Selbsteinschätzung

Auf sozialen Plattformen präsentierst du nicht nur dein Produkt oder deine Dienstleistung, sondern du präsentierst auch ein Image. Dein Account spiegelt ein Gefühl wider, einen Lifestyle, etwas, das deine Kundschaft ansprechen soll und in dem sie sich wiedererkennen kann. Wie dein Angebot wirkt, hängt natürlich von der Wahrnehmung der Betrachter:innen ab. **Um Missverständnisse zu vermeiden, ist es wichtig, immer wieder die eigene Wahrnehmung zu überprüfen und mit anderen – Freunden, Bekannten, Familie etc. – über ihre Eindrücke zu reden.** Teste deine Ideen im kleinen Rahmen, um ein erstes Meinungsbild einzuholen. So lernst du viel über deine Außenwirkung und kannst besser einschätzen, mit welcher Strategie du welche Reaktionen hervorrufen kannst. Dies hilft dir nicht nur bei der Umsetzung deiner Marketingkampagne, sondern ermöglicht dir auch, dich persönlich weiterzuentwickeln.

Wie es ohne ausreichend Feedback richtig schieflaufen kann, dafür ist das App-Icon von Amazon ein gutes Beispiel. Viele erinnerte es nämlich an einen Hitler-Bart. Amazon musste das Icon-Design deshalb noch einmal überarbeiten.

Ich habe die Erfahrung gemacht, dass es manchmal gar nicht so leichtfällt, sich kritisch mit den eigenen Ideen auseinanderzusetzen. In deinem Projekt steckt wahrscheinlich dein Herzblut und eine Menge Energie und Arbeit. Da tut es manchmal weh, wenn es nicht wie erwartet ankommt. Nimm dir dennoch die Zeit, immer wieder durch verschiedene Menschen gegenprüfen zu lassen, ob sie deine Botschaft verstehen. Behalte immer im Hinterkopf, dass jeder, der dich kritisiert, sich Zeit für dich nimmt, dir in der Regel nur helfen möchte. **Es geht darum, gemeinsam das Beste aus deiner Idee herauszuholen.**

Möglicherweise bist du auch so überzeugt von deiner Idee und deinem Angebot, dass du Kritik überhaupt nicht wahrnimmst, weil deine Meinung die einzige ist, die zählt. Menschen sind aber unterschiedlich, und **es ist wichtig, herauszufinden, ob auch nur ein kleiner Teil deiner Zielgruppe etwas anders wahrnimmt als du.** Achte im Gespräch unbedingt darauf, deinem Gegenüber nicht schon mit der Frage die gewünschte Antwort in den Mund zu legen.

Bemüh dich darum, im Gespräch mit anderen offen für deren Kommentare und Anmerkungen zu sein. Oft macht man den Fehler, Anmerkungen intuitiv abzulehnen und in eine Verteidigungshaltung zu rutschen. Frage stattdessen lieber noch mal genau nach, wie die Person das meint und warum sie so denkt.

Ständiges Feedback hilft dir dabei, Selbst- und Fremdeinschätzung eng beieinanderzuhalten. Aber Feedback ist nicht gleich Feedback. Bereite dich auf den Austausch vor und überlege dir, wozu du konkret eine Meinung haben willst. **Definiere eine oder mehrere Kernfragen.** Stelle mehreren Menschen die gleiche Frage, um die Antworten vergleichen zu können. Überlege dir, ob die Personen, die du befragst, deiner Zielgruppe entsprechen. Hole auch positives Feedback ein und baue aus, was funktioniert.

Frage nach, falls du vage Antworten bekommst wie »Gefällt mir ganz gut.« – Was genau gefällt dir? Was würdest du noch ändern? Gibt es etwas, das du nicht verstehst?

Sammle dein Feedback schriftlich mit diesen Informationen: **Wer hat wann was gesagt?** Das hilft dir später, Marketingentscheidungen zu treffen und diese begründen zu können. Gehst du rational mit Feedback um, wirst du dich immer weiterentwickeln.

2

Überprüfe

☐ *Ist gerade der richtige Zeitpunkt für ein Feedback-Gespräch? (Nimm dir Zeit.)*

☐ *Ist das Feedback konkret?*

☐ *Ist das Feedback aktuell?*

☐ *Ist das Feedback realistisch umsetzbar?*

☐ *Äußert dein Gegenüber einen konkreten Wunsch oder schlägt eine Lösung vor?*

☐ *Wie groß ist der Aufwand, die konkrete Änderung vorzunehmen? Lohnt sich der Aufwand?*

Persönlichkeit

**3 ** *Wäre deine Marke eine Person, welche drei Eigenschaften/Werte hätte sie?*

_____

_____

_____

4 \\ 💬 ▦ *Lass deinen Freundes- und Kollegenkreis sowie Kund:innen und Familienmitglieder deine Marke in drei Eigenschaften beschreiben. Stimmen ihre Eindrücke mit deiner Meinung überein? Überarbeite im Gespräch mit mehreren Personen **Übung 3** und legt euch gemeinsam auf drei Eigenschaften fest. Schreibe diese an die entsprechende Stelle auf das zum Download bereitgestellte **Worksheet.***

Liebevoll. Freundlich. Bescheiden.
Respektvoll. Aufrecht. Sorgfältig. Nett.
Zielbewusst. Ehrlich. Verlässlich. Klug.
Gerecht. Mutig. Warmherzig. Intelligent.
Sympathisch. Geduldig. Beständig.
Ordentlich. Präzise. Hilfsbereit. Offen.
Kommunikativ. Selbstbewusst. Tolerant.
Mutig. Vernünftig. Flexibel. Ehrgeizig.
Verantwortlich. Demütig. Friedliebend.
Sensibel. Aktiv. Ausgeglichen. Witzig.
Angenehm. Attraktiv. Anpassungsfähig.
Arbeitsam. Empfindlich. Sachlich. Treu.
Störrisch. Ängstlich. Frech. Unbeugsam.
Eindringlich. Eitel. Zynisch. Lustvoll.
Unberechenbar. Scheu. Nervös. Kreativ.
Offensiv. Chaotisch. Charakterlos.
Abenteuerlustig. Experimentierfreudig.
Fürsorglich. Hilfsbereit. Individuell.
Neugierig. Entspannend. Antreibend.
Inspirierend. Vertrauensvoll. Bieder.

Alleinstellungsmerkmal

Um mit deinem Angebot herauszustechen, musst du dich vom Wettbewerb abheben. **Zeige deine Einzigartigkeit!** Deine *Unique Selling Proposition* (USP) kannst du sowohl mit einer besonderen Eigenschaft als auch mit deinem Charakter, einem besonderen Service oder mit einer eindeutigen Einstellung erreichen. Es gibt verschiedene Kategorien von Kundenbedürfnissen, zu denen sich gute Alleinstellungsmerkmale finden lassen.

Preis. **Qualität** 🔗 **66.1** Zeitersparnis. **Neuartigkeit** 🔗 **66.2** Einfachheit (der Benutzung oder des Prozesses). **Nachhaltigkeit** 🔗 **66.3** Exklusivität. Besondere Ausstattungsmerkmale.

5	◣

Um deine Einzigartigkeit auf Papier zu bringen, beantworte die folgenden Fragen:

 *Worin liegt deine besondere Stärke?*

_____

_____

_____

Welches Problem löst oder welches Bedürfnis befriedigt dein Angebot?

_____

_____

_____

_____

5

*Wenn jemand dein Ange-
bot in Anspruch nimmt,
wie fühlt er sich dann?*

_____

_____

_____

_____

*Welches positive Feed-
back bekommst du am
häufigsten?*

_____

_____

_____

*Was unterscheidet deine
Marke von Mitbewerbern?*

_____

_____

_____

Wenn du dein Alleinstellungsmerkmal herausgearbeitet hast, lieferst du deinen Nutzer:innen den Grund, weshalb sie sich für dein Angebot und nicht für das deiner Mitbewerber:innen entscheiden sollten.

Aus deinem Alleinstellungsmerkmal lässt sich eine klare, nutzerorientierte Werbebotschaft herausarbeiten. Mit dem sogenannten **Claim** vermittelst du deinen Kunden kurz und knapp deine Einmaligkeit. **Ein Claim ist ein Satz (oder Teilsatz), der das zentrale Versprechen, den USP, die Mission oder Vision eines Unternehmens kommuniziert.** Prominente Beispiele sind: Toyota: »Nichts ist unmöglich.« McDonald's: »Ich liebe es«. Ikea: »Wohnst du noch oder lebst du schon?« Nike: »Just do it.« L'Oréal: »Weil ich es mir wert bin«. ProSieben: »We love to entertain you!« Apple: »Think different«.

6 *Definiere deinen USP.*

↓   ↓   ↓

_____

_____

_____

_____

_____

_____

_____

Nike

Apple

7 · Überprüfe

- [ ] *Ist dein USP präzise?*
- [ ] *Ist dein USP aussagekräftig?*
- [ ] *Ist dein USP einzigartig?*
- [ ] *Ist dein USP unverwechselbar?*
- [ ] *Ist dein USP zielgruppenorientiert?*
- [ ] *Ist dein USP wirtschaftlich?*
- [ ] *Kannst du halten, was du versprichst?*

6
7
8
9
10

8 ·

*Achte in nächster Zeit darauf, wodurch sich Unternehmen in Onlineshops, auf Webseiten, Plakaten und in Schaufenstern auszeichnen und worin sie sich unterscheiden. Überlege einmal, warum du ausgerechnet in dieses oder jenes Café gehst oder warum du genau diese Hose kaufst. **Wie bringen diese Unternehmen ihr Angebot auf den Punkt?***

9 ·

Welche Message möchtest du deinen Kund:innen vermitteln? Was ist das Besondere an deinem Angebot? Formuliere jetzt deine Botschaft so einfach und verständlich wie möglich!
Schreibe sie auf einen Zettel *und hänge diesen irgendwo auf, wo du ihn immer wieder sehen und verinnerlichen kannst. Vielleicht an den Badezimmerspiegel oder den Kühlschrank …*

10 · Überprüfe

- [ ] *Ist dein Claim prägnant?*
- [ ] *Bleibt dein Claim im Kopf?*
- [ ] *Ist dein Claim einzigartig?*
- [ ] *Ist dein Claim positiv assoziiert?*
- [ ] *Beschreibt dein Claim dein Angebot?*

Zielgruppe

Als Zielgruppe beschreibt man **eine Gruppe von Personen mit übereinstimmenden Merkmalen.** Vielleicht ist dir schon aufgefallen, dass deine Kund:innen etwas gemeinsam haben. Möglicherweise gehören sie einer Altersgruppe an? Oder haben einen ähnlichen Familienstand? Oder vielleicht interessieren sich vor allem Männer für dein Angebot?

Die Analyse dieser spezifischen Gruppe hilft dir, zu verstehen, wen du mit deinem Marketing adressieren musst. Das **B2C-Marketing** (Business-to-Consumer) wendet sich an Privatpersonen, an Menschen, die sich anhand von demografischen Merkmalen, ihrem Einkaufsverhalten oder anderen auf die Person bezogenen Eigenschaften in Gruppen zusammenfassen lassen.

B2B-Marketing (Business-to-Business) richtet sich in erster Linie an juristische Personen, also Unternehmen. Um dein Marketing hierfür anzupassen, kannst du zum einen die Strukturen und Typen des Unternehmens ermitteln (z. B. Start-up oder Konzern, Freelancer, Familienunternehmen etc.) und zum anderen Ansprechpartner:innen und Kaufentscheider:innen des Unternehmens.

Im Grunde ist es sehr einfach: Je genauer du weißt, welche Personen du mit deinem Marketing adressierst, desto gezielter kannst du deine Zielgruppe erreichen und ansprechen.

»Targeten« bedeutet, eine bestimmte Zielgruppe auszumachen und Werbung an sie auszuspielen. Auf Social Media kannst du bezahlte Werbung anhand von bestimmten Parametern wie zum Beispiel Alter, Interessen oder geografischen Angaben platzieren.

Aber auch bei der Wahl deiner aktiven Social-Media-Plattformen und bei regulären Posts solltest du herausfinden, wo deine Zielgruppe aktiv ist und wie du sie am besten erreichst.

11

11

*Mach dir Gedanken darüber, für wen dein Angebot interessant ist! Wem könnte es nutzen oder helfen? Um das herauszufinden, eignet sich die Mindmap auf dem zum Download bereitgestellten **Worksheet**. Schreibe den Namen deiner Marke in die Mitte.*

11.1. Ergänze deine Mindmap mit Personen, Personengruppen, Firmen, Händlern, Vereinen …, eben allen, die sich für dein Angebot interessieren könnten.

11.2. Markiere, für oder mit welchen auf der Mindmap genannten Gruppen du gerne arbeiten willst, und notiere sie dir jeweils auf einem Post-it.

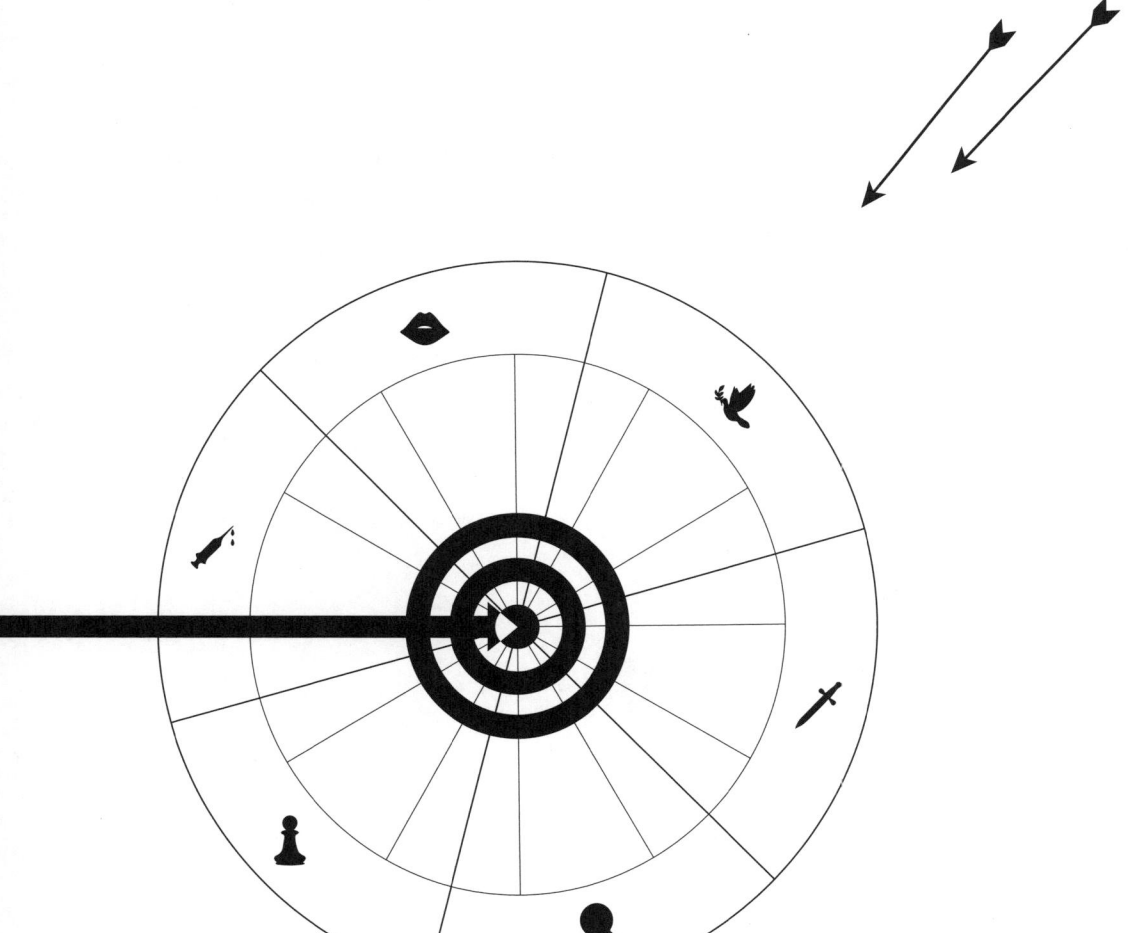

Auch dein Content sowie die Zeitpunkte der Veröffentlichung sollten perfekt auf deine Zielgruppe zugeschnitten werden. **Es ist wichtig, die Zielgruppendefinition regelmäßig zu überdenken und zu aktualisieren.**

Besonders in sozialen Netzwerken kannst du stetig mehr über deine Zielgruppe und ihr Verhalten lernen. Dabei geht es zum Beispiel um demografische Merkmale wie Alter, Geschlecht, Familienstand und Wohnort oder um sozioökonomische Merkmale wie Bildungsstand, Lebensstil und Beruf. Aber auch psychologische Merkmale wie die Motivation, die Einstellung und das Kaufverhalten können Zielgruppen definieren. Bei B2B könnten es Merkmale wie Unternehmensgröße, Branche oder Regionalität sein.

Menschen auf diese Faktoren zu reduzieren, fühlt sich vielleicht im ersten Moment komisch an. Es vereinfacht dir aber dein Marketing, da du dich damit an näher beschriebene und leichter vorstellbare Adressaten wenden kannst.

Mit deiner Zielgruppe im Blick triffst du alle deine Marketingentscheidungen. Natürlich kannst du auch mehrere Zielgruppen haben und diese über unterschiedliche Kanäle ansprechen. Behalte sie immer im Hinterkopf, sie sollen später deine Kund:innen werden.

💡 **Tipp:** Manchmal ist deine Zielgruppe gar nicht der oder die Endverbraucher:in. Kinder erreichst du zum Beispiel am besten über ihre Eltern, die für sie etwas kaufen oder abschließen. Bleibe deshalb gedanklich flexibel.

Natürlich gibt es auch immer Ausnahmen, und Kund:innen werden komplett aus deiner definierten Zielgruppe herausfallen. Dies muss kein Problem sein: Es kann ein Hinweis auf eine neue Zielgruppe sein, und du kannst deinen Kundenkreis erweitern. Oder es handelt sich ganz einfach um eine Ausnahme.

Fakt ist jedoch, dass du dir bei allem, was du machst, immer überlegen solltest, **wen du adressieren möchtest und wie Personen jeweils ticken.**

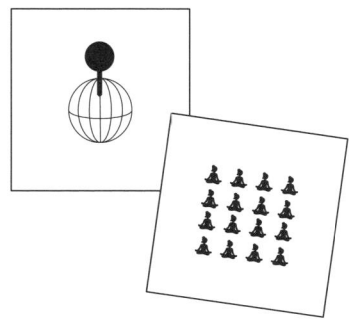

12 *Im nächsten Schritt kannst du die Post-its nach Gemeinsamkeiten kategorisieren. Probiere unterschiedliche Gruppierungen aus. Finde Überschriften für die gemeinsamen Gruppen. Wenn du mit deinem Ergebnis zufrieden bist, schreibe die Überbegriffe auf das **Worksheet**.*

13 *Überlege, auf welchen Plattformen deine Zielgruppe aktiv ist – und welche davon für dich infrage kommen. Entscheide dich, auf welchen Plattformen du (erst mal) aktiv sein möchtest.*

Persona

Um sich besser in die Zielgruppe hineinzuversetzen, hat es sich bewährt, alle gesammelten Erkenntnisse in eine fiktive Person hineinzuprojizieren. Eine Persona ist sozusagen der Prototyp-Mensch für deine Zielgruppe. Indem du ihren Charakter beschreibst und möglicherweise sogar ein Foto hinzufügst, das zeigt, wie diese Person aussehen könnte, werden die Bedürfnisse sowie Probleme und ein ganz konkretes Nutzerverhalten greifbarer. **Je detaillierter du die Personen beschreibst, desto mehr Informationen wirst du daraus gewinnen können.** Je nach Zielgruppen solltest du vier bis sechs unterschiedliche Personas definieren. Alles ist erlaubt, von der durchorganisierten alleinerziehenden Mutter bis zum 28-jährigen Studenten. Hauptsache sie verkörpern – bezogen auf dein Angebot – typische Bedürfnisse.

Achtung: Sei dabei realistisch, die Verlockung ist groß, hier eine Idealvorstellung zu projizieren.

14

*Nutze die entsprechende Stelle auf dem **Worksheet**, um deine Persona zu erstellen. Denke darüber nach, was seine oder ihre Anforderungen an dein Unternehmen sind.*

Benenne die Persona. Schreibe ihren Familienstand, Alter, Beruf und Wohnsituation in die Beschreibung.
Suche ein Foto im Internet, wie diese Person aussehen könnte. Notiere in den entsprechenden Feldern, mit welchen Problemen, Zielen und Ängsten die Person sich aktuell auseinandersetzt und was sie motiviert.
Beschäftige dich immer wieder mit deinen Personas und ergänze gegebenenfalls Informationen.

15

Wie könnte der Tagesablauf dieser Personen aussehen? Wann schauen sie aufs Handy und sehen deinen Social-Media-Post? Wie fühlen sie sich in der Situation? Was könnte sie ansprechen? Welche Emotionen haben sie in diesem Moment? Sitzen sie vielleicht im Zug? Oder sind sie, kurz vor dem Einschlafen, bereits im Bett? Möchten sie alle Informationen kompakt präsentiert haben oder lieber unterhalten werden? Noch einmal: Je besser du deine Adressaten kennst, desto besser kannst du sie erreichen!

14
15

7 Uhr

8 Uhr

9 Uhr

10 Uhr

11 Uhr

12 Uhr

13 Uhr

14 Uhr

15 Uhr

16 Uhr

17 Uhr

18 Uhr

19 Uhr

20 Uhr

21 Uhr

22 Uhr

23 Uhr

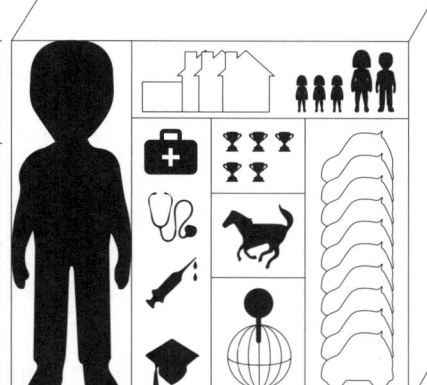

User Journey

Eine User Journey Map dient dazu, die Interaktionen einer Zielgruppe mit einem Produkt oder Service ganzheitlich zu betrachten und besser zu verstehen. **Durch die Visualisierung und das Storytelling sollen alle Kontaktpunkte (Touchpoints) mit einem Angebot aus Sicht der Zielgruppe dargestellt werden.** User Journeys oder auch Journey Maps können viele unterschiedliche Formen annehmen, je nachdem, in welchem Kontext und mit welchem Ziel sie erstellt werden. Ein Ziel könnte sein, das Kaufverhalten einer bestimmten Persona zu verstehen.

Nachdem du in einem ersten Schritt die verschiedenen Nutzeraktionen in einer Zeitleiste dokumentiert hast, ergänzt du dann in einem zweiten Schritt die Gedanken und Emotionen deiner Persona.

Journey Maps sollten möglichst konkret sein: also die besondere Sicht einer definierten Persona auf die Interaktion mit einem Unternehmen beschreiben. Es geht darum, Ziele, Bedürfnisse und Erwartungen der Persona besser zu verstehen. Das beschriebene Szenario kann real sein oder testweise durchspielen, wie Prozesse ablaufen könnten.

Der Prozess wird in unterschiedliche Phasen aufgeteilt. Beim Kauf eines Buchs sind das beispielsweise: Phase 1: Entdecken, Phase 2: Anschauen, Phase 3: Kaufen und Phase 4: Verwenden.

Zu jeder Phase werden dann entsprechende Aktionen hinzugefügt. **Schritt für Schritt beschreibst du so die Handlungen deiner Persona.** Ihre Gefühle kannst du anhand einer Stimmungskurve visualisieren und durch Gedanken kommentieren.

Ganz unten notierte Chancen halten fest, wie dieses Erleben von wem im Unternehmen optimiert werden kann.

Mehr Informationen findest du unter diesen Links: 🔗 **76.1**

16 *Erstelle anhand der rechts abgebildeten Vorlage die User Journey einer Persona, die deinen Prozess durchläuft.*
Tipp: Bitte jemanden, die Position der Persona einzunehmen. Sie soll dann laut jeden Schritt durchspielen und dabei genau beschreiben, was in ihr vorgeht.

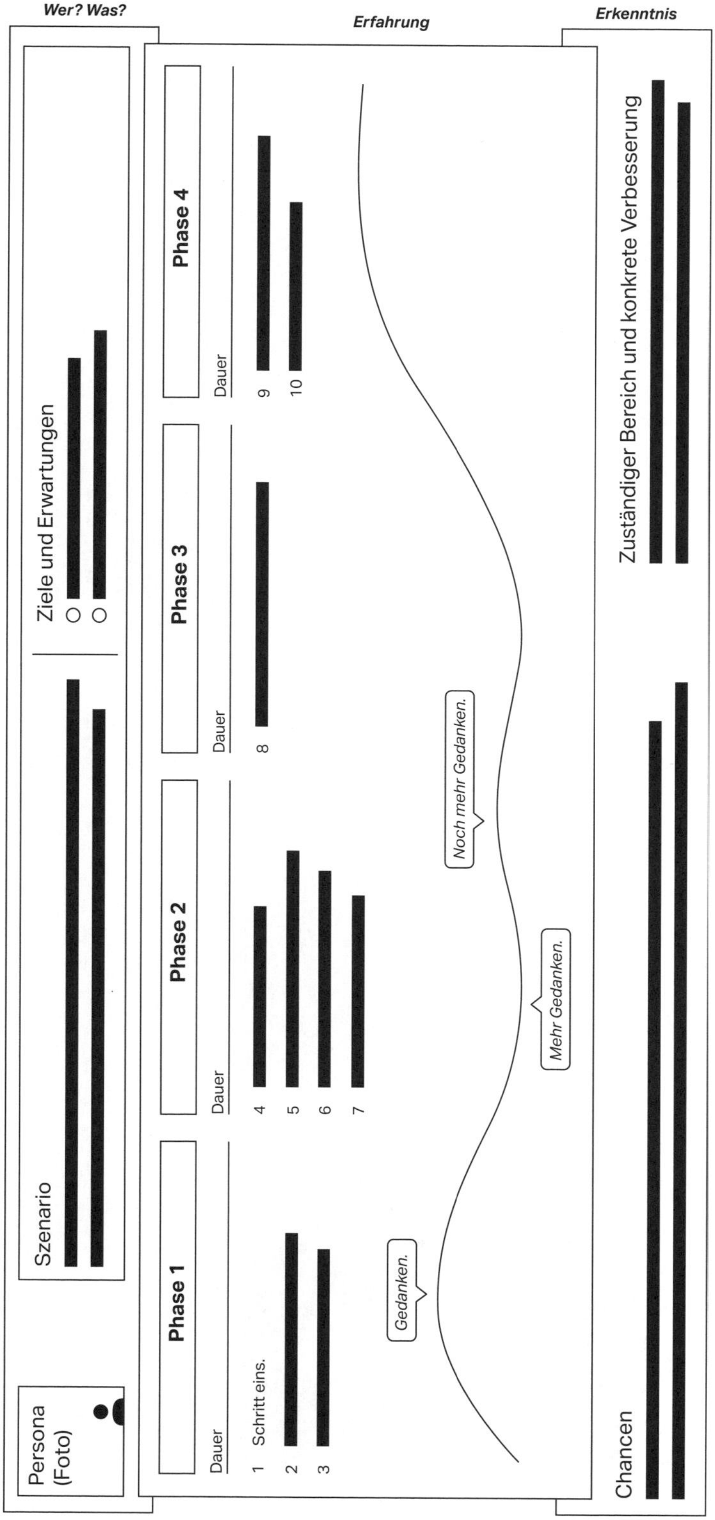

16

Wer? Was?

Erfahrung

Erkenntnis

Persona
(Foto)

Szenario

Ziele und Erwartungen

Phase 1

Dauer

1 Schritt eins.

2

3

Phase 2

Dauer

4

5

6

7

Phase 3

Dauer

8

Phase 4

Dauer

9

10

Gedanken.

Mehr Gedanken.

Noch mehr Gedanken.

Zuständiger Bereich und konkrete Verbesserung

Chancen

Konkurrenzanalyse 1

Ebenso wichtig wie die Definition deiner Zielgruppe, an die sich dein Angebot und dein Marketing richtet, ist, dass du dir deine Konkurrenz genau anschaust. **Du kannst aus den Erfahrungen und Fehlern deiner Mitbewerber:innen lernen:** Du stellst fest, wie groß die Konkurrenz ist, und dementsprechend, wie leicht oder schwer der Marktzugang sein wird.

Recherchiere im Internet, wie und welche Art Marketing deine Konkurrenten betreiben. Auf welchen Plattformen sind sie unterwegs? Wie gut kommt ihr Auftritt an? Schau dir dafür neben den Followerzahlen auch Kommentare oder Bewertungen an.

Während du die Übung auf dieser Seite machst, überprüfe, ob die Zielgruppe deiner Konkurrenz mit deiner übereinstimmt. Ergänze gegebenenfalls weitere Punkte in Übung **11** .

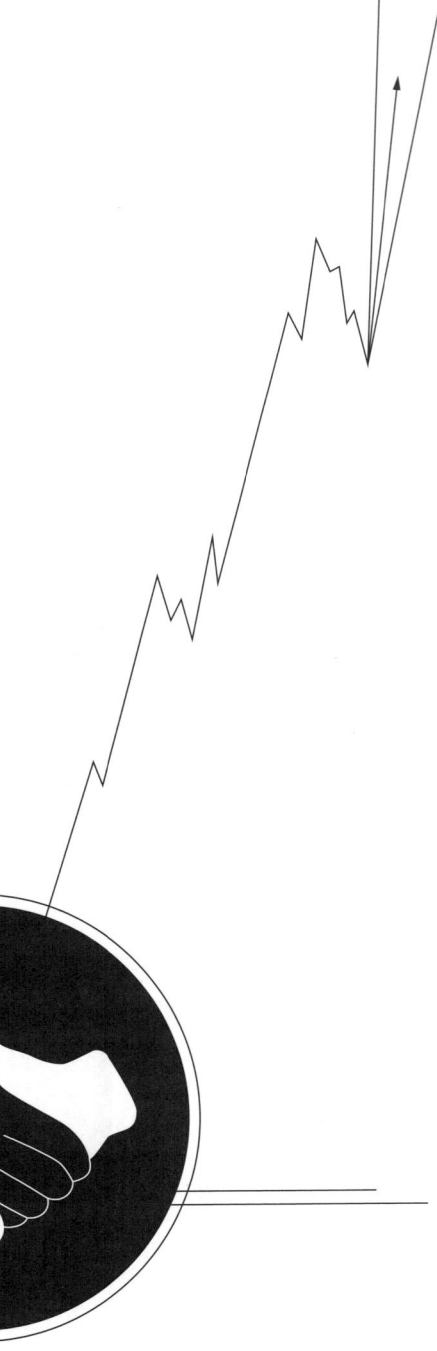

17 ✎	**Wer ist deine direkte Konkurrenz?** *(Wer bietet ein ähnliches/das gleiche Angebot an wie du?)*	**Wer ist deine indirekte Konkurrenz?** *(Wer ist in einem ähnlichen Bereich/einer ähnlichen Branche wie du tätig?)*
Wer ist deine Konkurrenz?		
Wen spricht deine Konkurrenz mit ihrem Marketing an, wer ist ihre Zielgruppe?		
Welches Image hat deine Konkurrenz?		
Was sind ihre Stärken?		
Welche emotionale Botschaft vermittelt sie?		
Wie viele Follower:innen hat der Account? Wie beliebt ist sie in Social Media?		
Wie lange gibt es den Account schon?		
Wie viele Menschen betreiben den Account?		

17

Ziele

Zurück zu dir. **Was möchtest du überhaupt erreichen?** Möchtest du deine
Kundenbindung steigern? Neukunden
gewinnen? Oder dein Image verbessern? Marketingziele helfen dir dabei,
den Fokus zu behalten. Mark Twain
bringt es auf den Punkt: »Wer nicht
weiß, wohin er will, der darf sich nicht
wundern, wenn er ganz woanders
ankommt.« Sobald du deine Business-
ziele vor Augen hast, kannst du auch
deine Marketingziele definieren.

| 18 | ╲ | *Wo siehst du dich in fünf Jahren? Was sind deine langfristigen Unternehmensziele?* |

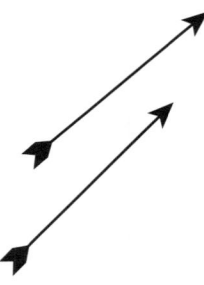

_____

_____

_____

_____

_____

_____

_____

Formuliere deine Ziele **SMART**: spezifisch, messbar, akzeptiert, realistisch und terminiert. **Spezifisch** meint, dass du deine Ziele auf den Punkt bringen sollst. **Messbar** machst du deine Ziele, indem du im Vorfeld Indikatoren definierst, die zeigen, dass ein Ziel erreicht wurde. **Akzeptiert** bezieht sich hier eher auf größere Firmen mit vielen Angestellten und bedeutet, dass das gesamte Unternehmen hinter den Zielen steht. **Realistisch und terminiert** sind selbsterklärend.

Es gibt qualitative Ziele:
– Bekanntheitsgrad erhöhen
– Image verbessern
– Kundenservice verbessern
– Kundenzufriedenheit steigern
– Produktoptimierung
– Empfehlungsmarketing nutzen
– Marktforschung betreiben
– weitere Touchpoints hinzufügen

Und es gibt quantitative Ziele (zahlenmäßig messbar und exakt zu beschreiben):
– Umsatz
– Followeranzahl
– Impressionen (Sichtkontakt)
– durchschnittliche Anzahl an Likes pro Post
– durchschnittliche Anzahl an Interaktion pro Post
– durchschnittliche Anzahl an Kommentaren pro Post

18

Man misst diese Ziele über *Key Performance Indicators*, kurz KPIs. **KPIs sind Kennzahlen, mit denen die Erfolge von Aktivitäten innerhalb eines Unternehmens ermittelt werden können.**

Bestandsaufnahme: Um deine Ziele formulieren zu können, solltest du dir deinen Ist-Zustand einmal in Zahlen anschauen. Erstelle ein Google Sheet und trage zum Beispiel deine Umsatzzahlen, Werbekosten, bestehenden Kundenstamm oder, falls du bereits in einem sozialen Netzwerk unterwegs bist, deine aktuellen Followerzahlen ein.

Im nächsten Schritt kannst du die Zahlen interpretieren. Wenn du zum Beispiel feststellst, dass du jedes Mal, wenn du 200 Flyer verteilt hast, durchschnittlich 30 Neukund:innen generieren konntest, kannst du ausrechnen, wie viel Geld dich ein Neukunde oder eine ein Neukundin in diesem Fall gekostet hat.

Jetzt kannst du verschiedene Strategien ausprobieren und beobachten, unter welchen Parametern sich das Ergebnis wie verändert.

Soziale Netzwerke erleichtern es dir, Statistiken zu erstellen und Erfolgsmessungen durchzuführen. **In jedem Businessprofil gibt es einen Bereich, der dir Insights dazu gibt, wie deine Posts performen.** Meistens werden die Daten der letzten 30, 28 oder 7 Tage erhoben. Mach dir die Informationen zunutze und halte sie in deinen Tabellen fest.

Vor allem am Anfang können die Zahlen etwas überfordernd wirken, lass dich davon nicht entmutigen. Plane einmal im Monat ein, deine Aufzeichnungen zu ordnen und zu optimieren, damit du möglichst viele konkrete Informationen erhältst. Die Zahlen sind deine Freunde! :-)

🔅 **Tipp:** Google Sheets bietet dir Möglichkeiten, Zahlen auch einfach in Graphen und Diagrammen darzustellen. So kannst du besondere Ausschläge und Entwicklungen noch leichter erkennen. 🔗 **82.1**

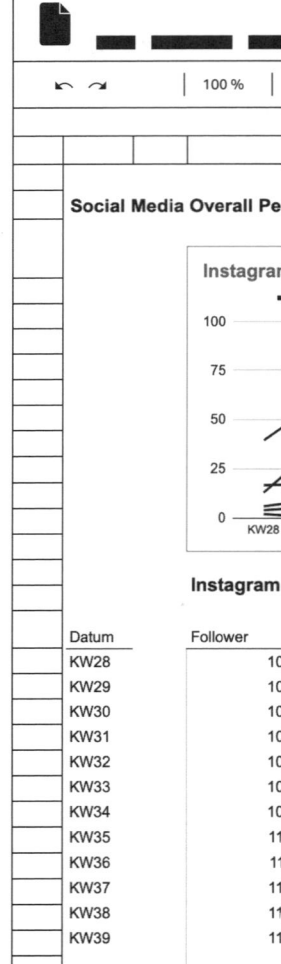

19

 **19**

*Definiere deine Marketingziele qualitativ und quanti-
tativ! Lege dir ein Google Sheet an, in dem du sowohl
die Ziele als auch gemessene Ergebnisse festhältst.*

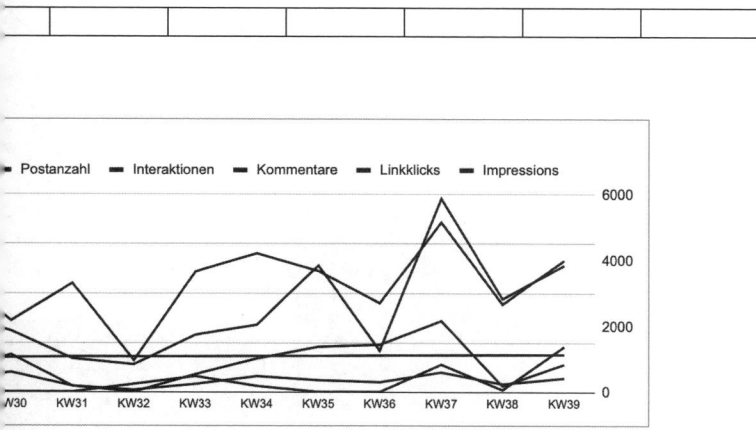

Legend: Postanzahl — Interaktionen — Kommentare — Linkklicks — Impressions

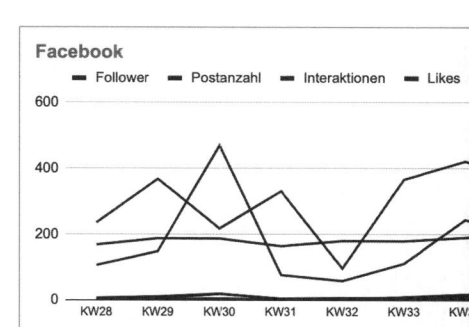

Facebook

Legend: Follower — Postanzahl — Interaktionen — Likes

Facebook

	Interaktionen	Likes	Kommentare	Linkklicks	Impressions
4	13	106	6	2	2346
6	40	148	10	0	3670
10	31	470	19	0	2167
3	17	76	3	0	3295
1	14	58	0	4	964
4	29	111	9	8	3654
8	34	243	17	3	4216
6	64	193	23	0	3672
5	21	167	24	0	2693
10	98	583	36	14	5160
4	47	127	3	1	2654
7	64	203	14	23	3996

Follower	Postanzahl	Interaktionen	Likes
1680	2	4	10
1870	3	5	14
1864	4	18	47
1637	2	4	7
1793	4	6	8
1788	4	7	1
1894	6	10	24
1999	8	16	19
2478	1	4	18
2678	2	0	58
2697	4	6	12
2840	6	11	20

Social-Media-Performance-Analyse in Excel oder Google Sheets, schematisch dargestellt

drei: Erscheinungsbild

Ein einheitliches Auftreten ist wichtig, um wiedererkannt zu werden und um eine Bindung zu deiner Marke herzustellen.

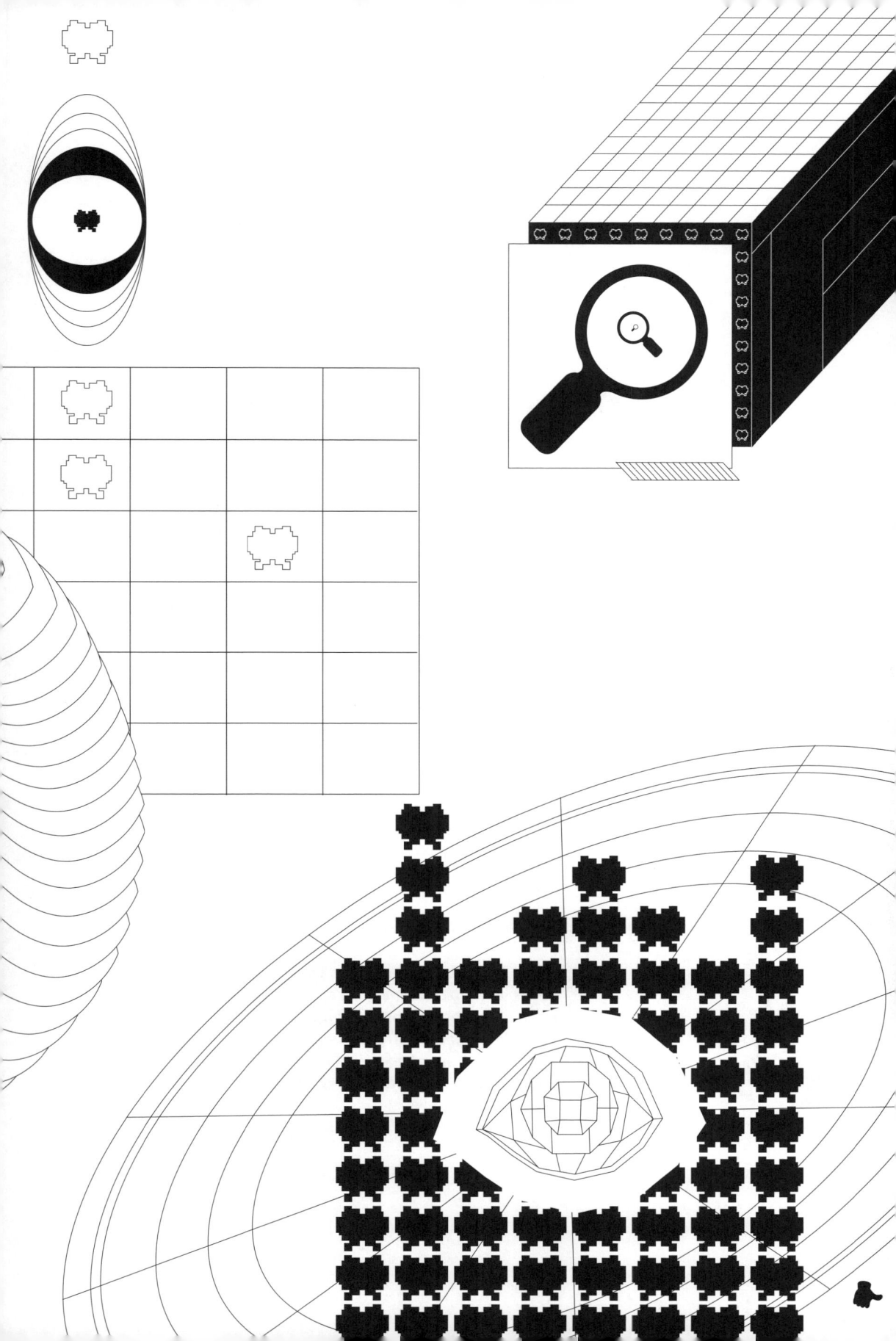

Identität

Corporate Design steht für das Erscheinungsbild eines Unternehmens und ist Teil der **Corporate Identity** (CI). Kurz gefasst, bezeichnet CI die Identität eines Unternehmens oder einer Marke.

Wenn du Menschen neu kennenlernst, beurteilst du sie nach ihrem Aussehen – Kleidung, Frisur, Auftreten –, nach ihrem Verhalten und ihrer Art zu sprechen. Deine Meinung setzt sich aus vielen unterschiedlichen Eindrücken zusammen, und genauso funktioniert deine Wahrnehmung auch bei Unternehmen. Eine Corporate Identity setzt sich unter anderem aus den Bereichen Corporate Communication (Kommunikation), Corporate Behavior (Verhalten) und Corporate Design (Erscheinungsbild) zusammen. In der Realität liegen die Bereiche nah beieinander, und es gibt auch Überschneidungen. Dennoch lassen sie sich folgendermaßen voneinander abgrenzen:

Corporate Behavior beschreibt das Verhalten gegenüber der Öffentlichkeit. Wie geht eine Marke mit Kritik um? Ist ein Unternehmen offen für Gespräche, für Feedback oder Inspiration? Was zeichnet das Unternehmen aus? Ein Beispiel dafür ist ein besonderes Engagement eines Unternehmens im Umweltschutz.

Corporate Communication umfasst die gesamte Unternehmenskommu-

20

Gehe auf Pinterest und gib in der Suchleiste das Wort »Brand Design« ein. Lass dich von den vielen verschiedenen Designs inspirieren. Wenn du bereits einen Account hast, kannst du die Posts, die dir am besten gefallen, auch gleich »Merken«. Notiere dir auf dieser Seite, warum dir manche Auftritte besonders und warum dir manche gar nicht gefallen.

nikation nach außen wie nach innen. Dabei ist das Corporate Behavior oft eine gute Content-Quelle und kann über Social Media oder die Presse an die Öffentlichkeit kommuniziert werden. Das muss aber nicht sein: Die amerikanische Burger-Kette Wendys oder die Berliner BVG haben allein durch die Art ihrer Kommunikation – frech und neckend – auf Twitter und Instagram ihre Identität geprägt und

enorm an Reichweite und Sympathie gewonnen.

Ein gutes **Corporate Design** macht deine Marke visuell einmalig, unverwechselbar und individuell. Dein Unternehmen soll von innen und von außen als Einheit erkannt werden. Dazu gehören unter anderem eine einheitliche Arbeitskleidung, Mobiliar, Broschüren, Plakate, Visitenkarten, deine Website, dein Social-Media-Auftritt und so weiter.

Nachdem du dich im letzten Kapitel mit deinen Werten beschäftigt hast, werden wir in diesem Kapitel die wichtigsten Grundbestandteile deines visuellen Auftretens erarbeiten.

20

Ziel ist es, ein einheitlich und stimmiges Erscheinungsbild zu vermitteln. Gelingt dir das, gewinnst du an Glaubwürdigkeit, und User:innen werden dir vertrauen.

Wenn du bereits ein Corporate Design hast, dann nutze dieses Kapitel, um dein Auftreten zu überprüfen. Vermittelst du mit deiner Gestaltung die Botschaft, die du vermitteln möchtest? Ist es das Bild, das zu dir passt? Ist dein Design an deine Zielgruppe angepasst? Lässt sich dein Corporate Design auf deinen Social-Media-Auftritt übertragen? Und vor allem: Ist es einheitlich und konsequent?

Hast du allerdings noch kein Erscheinungsbild, dann ist dies auch kein Problem. Ich empfehle dir aber, diesen Schritt nicht zu unterschätzen. **Nimm dir Zeit dafür und lass dir gegebenenfalls helfen.** Nicht umsonst gibt es Grafikdesigner:innen, die darin ausgebildet werden, solche Erscheinungsbilder zu erstellen.

Wenn du dieses fachliche Knowhow nicht in deinem Bekanntenkreis findest, kannst du solche Aufträge auch über das Internet vergeben, zum Beispiel auf dasauge, fiverr oder 99designs 🔗 **89.1**. Zusätzlich gibt es mittlerweile viele Logogeneratoren und Websites, mit deren Hilfe du mit ein paar Klicks ein – natürlich nicht ganz so professionelles – Logo gestalten kannst, z. B. canva, logaster oder logomaster. 🔗 **89.2**

Falls du zum Thema Logodesign und zu den Grundlagen der Grafikerstellung noch ein bisschen mehr lesen willst, empfehle ich »Zeichen und Grafik« aus der Bibliothek der Mediengestaltung. 🔗 **89.3**

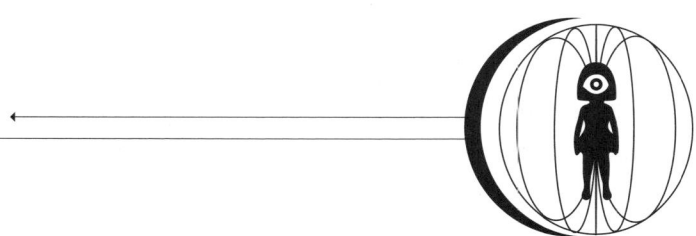

Markenname

Mit einem Namen fängt alles an. Wie heißt deine Marke? Wie heißen deine Produkte? Wie heißt dein Angebot? Namen sollten **lesbar, sprechbar, einzigartig, unmissverständlich und leicht zu merken sein.** Das ist gar nicht so einfach.

Es gibt **beschreibende Namen**, wie zum Beispiel Gut & Günstig von Edeka, **assoziative Namen**, die einen Begriff visualisieren, Ohropax zum Beispiel, **Abkürzungen**, wie BMW, oder **artifizielle, also erfundene** Namen wie Persil oder Opodo.

Deine Website und deine Mailadresse sollten deinen Markennamen beinhalten. Empfehlenswert ist, auf Umlaute und Sonderzeichen zu verzichten. Auch auf den Social-Media-Plattformen solltest du deinen Namen in der gleichen Schreibweise verwenden. Schließlich sollen User:innen dich ebenfalls finden, wenn sie im Internet nach dir suchen. Auch der Google-Algorithmus honoriert es, wenn sich dein Name auf vielen unterschiedlichen Plattformen findet. Wenn dann jemand nach dir sucht, ist die Wahrscheinlichkeit höher, dass du im Google-Ranking vorne bist.

In sozialen Netzwerken wird zwischen **Handles** (öffentlicher Nutzername) und **Anzeigename** unterschieden. Handles sind jeweils einem Profil oder einer Unternehmensseite zugeordnet und deshalb einzigartig. Sie werden Teil der URL, beispielsweise bei *facebook.com/handle*, und können mit einem vorangestellten @ zum Taggen genutzt werden. Idealerweise nutzt du für all deine Social-Media-Auftritte das gleiche Handle.

Die Anforderungen an Handles sind plattformabhängig, aber sie werden immer zusammengeschrieben, und Sonderzeichen sowie Emojis sind meist nicht erlaubt. Im Gegensatz dazu bist du bei deinem Anzeigenamen freier. Am Beispiel von *My Müsli* ist aber zu erkennen, dass das Unternehmen der Kontinuität wegen trotzdem überall mymuesli schreibt.

Wenn dein Name schon vergeben ist, kannst du die Inhaber:innen natürlich anschreiben und fragen, ob er oder sie bereit wäre, dir den Namen zu überlassen. **Eine andere Möglichkeit ist, dass du deinen Namen abwandelst.** Du könntest ihn mit . oder _ schreiben und deine Stadt *_berlin* oder *_official* hinten anfügen. Bei Künstler:innen sieht man auch manchmal *thereal* vor oder nach dem eigentlichen Namen.

21

22

Auf den Webseiten *namechk.com* und *knowem.com* kannst du herausfinden, ob dein Name noch frei ist, und ihn gegebenenfalls reservieren. 🔗 **91.1**

💡 **Tipp:** Lege ein Excel-Sheet oder Ähnliches an, auf dem du alle deine Zugangsdaten festhältst.

HELLO
my name is

21

Überprüfe

Google deinen Namen und überprüfe ihn kritisch:

☐ *Finde heraus, ob er einzigartig oder zweideutig ist.*

☐ *Gibt es ähnliche Namen, die mit deinem verwechselt werden könnten?*

☐ *Ist er leicht zu suchen?*

☐ *Kann man ihn gut aussprechen?*

☐ *Wird dein Markenname in Gesprächen verwendet, oder wird dein Angebot vielleicht anders umschrieben?*

☐ *Ist er glaubwürdig und originell?*

22

📱

*Hast du ein Handle, das auf allen gewünschten Plattformen verfügbar ist, **registriere deinen Namen jetzt bei allen Plattformen, die für dich infrage kommen.** Bei einigen Plattformen kannst du dein Profil erst mal auf privat stellen und zum Experimentieren und Ausprobieren nutzen. Aber selbst wenn du eine Plattform momentan noch nicht bespielst, ist zumindest schon mal dein Nutzername gesichert. Außerdem stellst du sicher, dass niemand unter deinem Namen Inhalte veröffentlichen kann.*

Logo

✕ ✕ ✕ ✕ ✓

Dein Logo fasst deine gesamte Marke in nur einem einzigen Symbol oder Wort zusammen. Deswegen sollte man dein Angebot oder dein Produkt in deinem Logo wiederkennen. **Dein Logo ist quasi das Herz, deine Markenidentität.**

Logos können ausschließlich aus einer **Bildmarke** bestehen, wie zum Beispiel bei Apple, Shell und Twitter. Eine reine Bildmarke ist jedoch relativ selten und empfiehlt sich auch nur dann, wenn dein Markenname schon bekannt ist und die Assoziation zu deinem Unternehmen auch durch die Bildmarke allein erfolgt. Für unbekanntere Marken empfiehlt sich eine Kombination aus **Wort- und Bildmarke** oder eine **reine Wortmarke**. Beispiele für eine Kombination sind Puma, Lacoste und Lufthansa. Beispiele für Wortmarken sind Siemens, Ferrero kinder, Coca-Cola und Google.

Was für dich am meisten Sinn ergibt, hängt von deinem Angebot und deiner Zielgruppe ab. Viel wichtiger ist jedoch die Ausarbeitung. Was ein Logo »gut« macht, ist auf einer Doppelseite natürlich auch nicht nur annähernd vollständig zu erläutern, es gibt aber einige Punkte, die auf alle Logos zutreffen sollten.

Ist es eindeutig zu identifizieren? Ist das Logo gut zu merken? Ist es einzigartig? Hat es einen Bezug zu deinem Unternehmen?

Es empfiehlt sich, das Logo abstrahiert, reduziert oder stilisiert zu gestalten. Dadurch lässt es sich besser einprägen. Immer beachten sollte man außerdem, dass es auf unterschiedlichen Untergründen und in verschiedenen Medien funktioniert, und zwar in Farbe und in Schwarz-Weiß. Wenn du dein Logo verwendest, solltest du darauf achten, dass es als sogenannte Vektordatei erstellt ist und damit in allen Größen scharf abgebildet werden kann. Bei der Verwendung passiert es gelegentlich, dass Logos verzerrt werden oder du aus Versehen unterschiedliche Versionen verwendest. Das solltest du auf jeden Fall vermeiden.

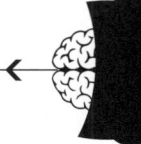

23

24

23 *Um dein Logo zu testen, bitte jemanden darum, es aus dem Kopf aufzumalen. Entstehen dabei Schwierigkeiten, gibt es wahrscheinlich noch Verbesserungspotenzial.*

24 *Drucke dein Logo besonders klein, besonders groß, auf schwarzem und auf weißem Hintergrund aus und überprüfe, ob es in allen Varianten gut zu erkennen ist.*

Kann man dein Logo gut erkennen?

Ist dein Logo angeschnitten?

Ist dein Logo scharf?

Man braucht viel Fachwissen und Erfahrung, um ein gutes Logo zu gestalten. Scheue dich nicht, dir Hilfe zu suchen oder es in Auftrag zu geben. Unter deinen Bekannten gibt es vielleicht Grafikdesigner:innen oder Mediengestalter:innen.

Tipp: Spätestens jetzt beginnst du damit, für dein Unternehmen eine Vielzahl an Dateien zu sammeln. **Arbeite von Anfang an mit einer logischen Ordnerstruktur.** Trenne fertige Dateien deutlich von Entwürfen. Wenn du Dateien mit dem Datum benennen willst, fange mit dem Jahr an (jjmmtt). Strukturiertes Arbeiten ist auf Dauer sehr hilfreich und spart Zeit.

Logos werden in sozialen Netzwerken häufig als Profilbild verwendet. Damit wissen Follower:innen gleich, wo sie gelandet sind, und es verleiht deiner Präsenz Professionalität. Dabei solltest du natürlich darauf achten, dass das Logo auch in der kleinen Ansicht noch einzigartig, unverwechselbar und gut zu erkennen ist. **Bei Posts verzichten die meisten Marken auf die Logoplatzierung.** So steht dein USP im Vordergrund, und User:innen haben nicht den Eindruck, mit Werbebotschaften bedrängt zu werden.

Farbe

Mit Farben kannst du den Wieder-erkennungseffekt deiner Marke erhöhen und deine User:innen unterbewusst beeinflussen.

Jede Farbe hat ihre Bedeutung. Diese ist psychologisch und soziokulturell bedingt und kann je nach Kulturkreis variieren. Menschen haben gelernt, welche Farbe was bedeutet. Meist ist die Bedeutung tief in der Evolution und kulturellen Tradition verankert, bereits unsere Vorfahren konnten anhand der Farbe erkennen, dass man den roten Fliegenpilz lieber nicht isst.

Wie setzt du Farbe ein? Sie kann einerseits sehr dominant sein, beispielsweise im Logo oder bei anderen grafischen Elementen, die du verwendest. Du kannst Farbe aber auch viel dezenter einsetzen, zum Beispiel als Bildlook, bei dem alle deine Bilder durch einen Filter oder die Bildbearbeitung einen leicht bläulichen Schimmer erhalten. Man kann die Farbstimmung eines Bilds aber auch allein durch die Auswahl der Dekoration im Hintergrund verändern. Bei der Auswahl deiner Farben solltest du nicht unbedingt nach deiner Lieblingsfarbe greifen, **sondern dir vielmehr überlegen, welche Farben deine Zielgruppe ansprechen.**

Wichtig ist auch, welche Farben dein Produkt oder deine Leistung ideal in Szene setzen.

Am besten entscheidest du dich für eine, höchstens zwei Farben, um Betrachter nicht zu überfordern und um den Fokus auf das Wesentliche zu lenken. Ich empfehle dabei, **eine ruhige Farbe** zu wählen, die eher für den Look und die Stimmung verantwortlich ist, **und eine Auszeichnungsfarbe,** die du verwenden kannst, um etwas hervorzuheben.

💡 **Tipp:** Auf *kaboompics.com* kannst du in Stockimages nach Farben suchen. Auf der Webseite *khroma.co* werden basierend auf deinen Vorlieben mithilfe von künstlicher Intelligenz Farbkombinationen errechnet. 🔗 **96.1**

Social-Media-Profile, bei denen der Einsatz von Farbe sehr gut gelungen ist, sind:

@nivea_de auf Instagram, Blau und Beige; *@blackroll* auf Instagram, Grün und Schwarz; *@obi_baumarkt_* auf Instagram, Orange und Weiß; *@depot_online* auf Instagram, Beige und Pastelltöne; *@uber* auf Instagram, Schwarz und Blau. 🔗 **96.2**

Rot: Leidenschaft, Wut, Kraft, Geschwindigkeit; **Orange**: Kräftigung, Spaß, Lebendigkeit, Energie; **Gelb**: Freundlichkeit, Glück, Jugend, Ermunterung; **Grün**: Natur, Erfrischung, Wachstum, Ausgeglichenheit; **Blau**: Wissen, Ruhe, Sicherheit, Vertrauen; **Violett**: Adel, Weisheit, Spiritualität, Autorität; **Rosa**: Geborgenheit, Wärme, Freundlichkeit, Sanftheit; **Braun**: Ernsthaftigkeit, Verlässlichkeit, Urtümlichkeit, Widerstandsfähigkeit; **Weiß**: Reinheit, Tugend, Sauberkeit, Frieden; **Schwarz**: Förmlichkeit, Luxus, Verschwiegenheit, Glamour; **Grau**: Gerechtigkeit, Kompromiss, Reife, Gelassenheit

25

*Ergänze deine eigenen Assoziationen zu den abgebildeten Farben. **Welche Farbe passt zu deiner Marke und zu deiner Zielgruppe?** Sammle Farben, die für dich infrage kommen, aus Zeitschriften, dem Internet (ausgedruckt), als Blume oder Foto.*

_____

_____

_____

Schrift

Wie wichtig Schriften sind, erkennt man allein daran, dass große Unternehmen viel Geld in eine eigene Hausschrift investieren. Das ist natürlich Luxus und für kleinere Firmen nicht notwendig. **Dennoch trägt eine einheitliche Schrift genauso wie ein Logo und wiederkehrende Farben zu deiner Markenidentität bei.**

Achte bei deiner Hausschrift vor allem darauf, dass sie gut leserlich ist. Der Schriftcharakter sollte zu deinem Unternehmen passen und deine Zielgruppe ansprechen. Weniger ist bei Typografie oft mehr. Eine moderne Schrift verzichtet auf Schnörkel oder verspielte Elemente.

In den sozialen Medien ist die Schriftauswahl meist begrenzt oder gar nicht möglich. Das gilt auch, wenn du zu deiner Contenterstellung Design Apps verwendest, zum Beispiel: *Canva, Story Editor & Maker, Mojo* oder *Over/GoDaddy Studio*. 🔗 **98.1** Aber auch hier erzielst du einen Wiedererkennungseffekt, wenn du immer dieselbe Schrift wählst.

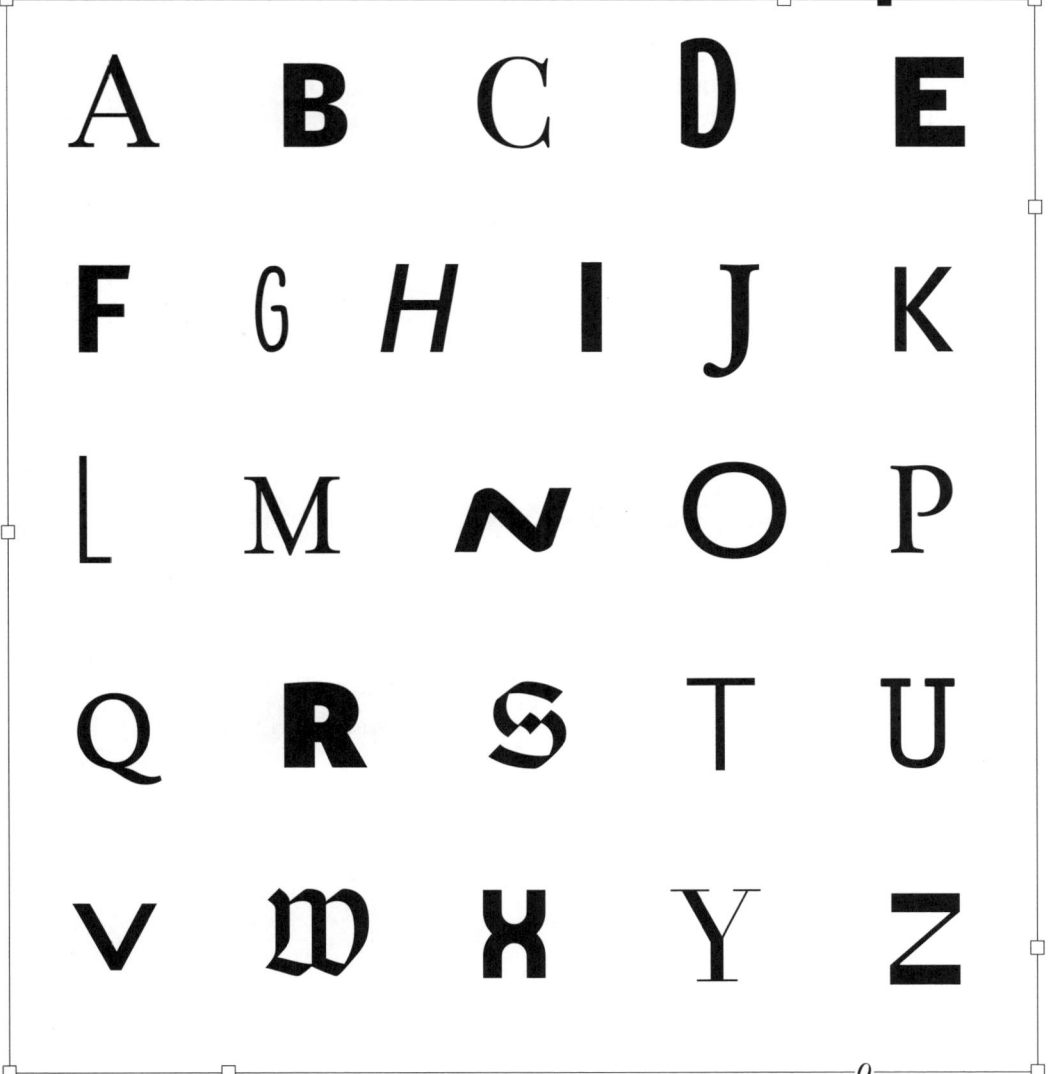

Bei Schriften, die du innerhalb solcher Apps verwendest, brauchst du dir keine Gedanken über Lizenzen zu machen. Wenn du aber etwas freier gestalten willst, achte darauf, dass du alle Rechte hast. Seiten, auf denen du gute, lizenzfreie **Fonts** (Schriften) findest, sind z. B. Google Fonts und DaFont. 🔗 **100.1**

Passt deine Schrift zur Message?

Ist deine Schrift lesbar?

 **Dick**  **Dünn**

✓ Lesbar ✗ nicht Lesbar

Sind deine Textzeilen einheitlich ausgerichtet? (z. B. linksbündig)

Hat deine Schrift genügend Abstand zum Rand?

Stimmt das Verhältnis der unterschiedlichen Schriftarten zueinander?

Hat deine Schrift genügend Zeilenabstand?

 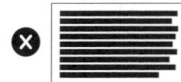

Wird deine Schritt von anderen
Designelementen überdeckt?

Hat die Schrift genügend Kontrast
zum Hintergrund?

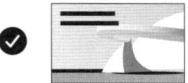 

Ist das Verhältnis von Text
und Bild ausgewogen?

Verdeckt die Schrift wichtige
Inhalte?

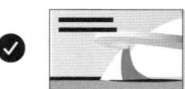 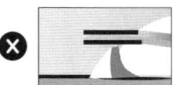

Ist die Schrift lesbar?

Vermeide Schrift über Gesichtern.

Moodboard

Bei einem Moodboard geht es darum, deine Corporate Identity zu verbildlichen. Auf deinen **Worksheets** ⬜⬜ erstellst du einen Pool an Farben, Formen, Mustern, Geschichten, Zitaten – alles was dir einfällt, um später daraus Content-Ideen schöpfen zu können. **Es gibt hier kein richtig oder falsch!** Du schaffst eine Basis, von der aus du später deinen Content entwickeln kannst.

Zeichne und collagiere mit Formen, Bildern, Materialien, Strukturen, Schriften und Farben alle visuellen Assoziationen, die dir zu den Charaktereigenschaften deiner Marke (**Übung 4**) einfallen. Arbeite spontan. Wenn dir nichts mehr einfällt, dann höre auf und mach weiter, wenn dir danach ist. Arbeite in unterschiedlichen Gemütszuständen an dem Moodboard, damit betrachtest du alles noch mal aus einem neuen Blickwinkel. Vielleicht einmal kurz vor dem Schlafengehen, ein anderes Mal am Sonntagmorgen, wenn du ganz für dich bist. Rede auch mit anderen und frage sie nach Ideen und Anregungen.

Überlege dir, was deine Personas mit deiner Marke verbinden und assoziieren würden. Und überprüfe bei deinen Assoziationen, ob dir andere folgen und deine Entscheidungen nachvollziehen können.

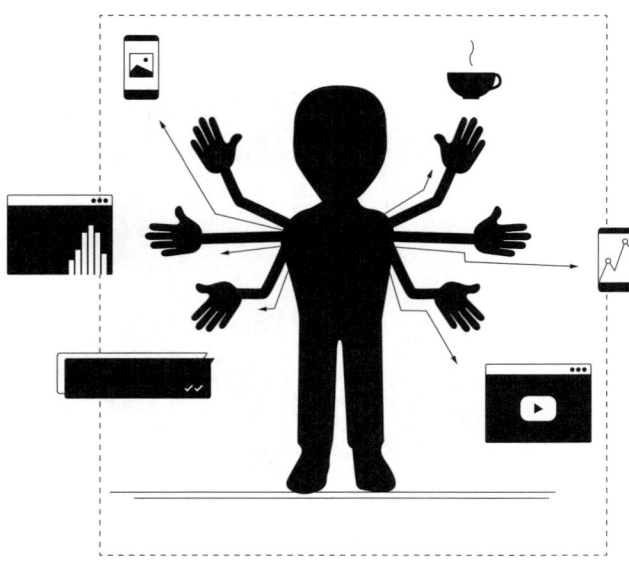

Das Moodboard kannst du während des gesamten Prozesses weiterführen, neue Ideen ergänzen, Punkte, die dir nicht mehr gefallen, entfernen. Wichtig ist, dass es am Ende einen einheitlichen Look hat, der deine Marke widerspiegelt. Frage dich hin und wieder, ob eine fremde Person dein Angebot erraten könnte, wenn sie nur das Moodboard sieht.

Versuche, so viel wie möglich zu sammeln, um später so viele Ideen wie möglich zu generieren.

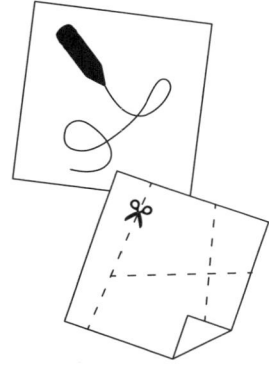

26

26

*Nutze die dafür vorgesehene Fläche auf dem **Worksheet** und lege verschiedene Materialien wie bunte Stifte, Zeitschriften, Bilder, Muster, farbiges Papier, Klebstoff oder Klebeband bereit. Reicht dir der Platz am Ende nicht aus, nimm einen weiteren Papierbogen und erstelle ein zweites oder drittes Moodboard.*

💡 **Tipp:** Eine gute Grundlage für dein Moodboard kannst du auf Pinterest erstellen. Die Boards eignen sich sehr gut, um verschiedene Ideen zusammenzutragen.

vier: Attraktive Posts

Soziale Netzwerke basieren auf Text, Bild, Video
und Sound. Um dich bestmöglich in Szene zu setzen,
kombiniere alle Medien.

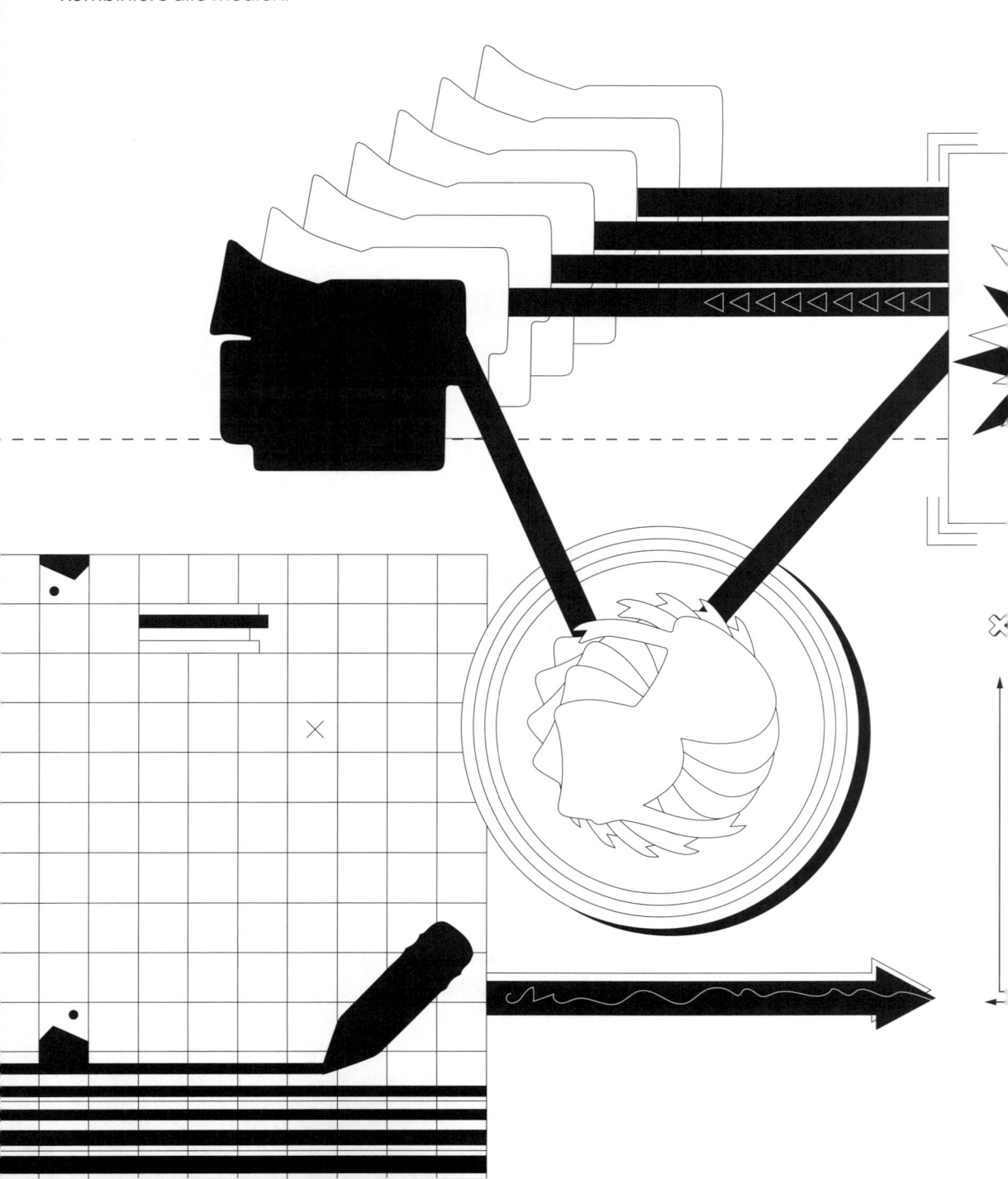

Text

Kommunikation ist das Alleinstellungsmerkmal von sozialen Medien gegenüber jeder anderen Form von Marketing. Nur hier hast du direkten Kontakt
zu deiner Zielgruppe und erhältst eine
direkte Reaktion auf dein Marketing.
**Nutze die Möglichkeit der Interak-
tion, wo immer es geht.** Sei offen für
Gespräche und reagiere so schnell wie
möglich auf Nachrichten oder Kommentare – so fühlt sich dein Gegenüber
wertgeschätzt und ernst genommen.

Große Marken wie Nike und Apple be-
mühen sich sehr, über alle ihre Kanäle
und unterschiedlichen Teams hinweg
eine einheitliche Textsprache zu verwenden. Da hast du es als kleines
Team oder alleine natürlich einfacher.
Aber auch für dich ist eine durchgän-
gige Schreibweise super wichtig.

Um die Aufmerksamkeit deiner
Leser:innen zu bekommen, schreibe aktiv und direkt, damit sie sich
angesprochen fühlen. Drei bis fünf
Zeilen reichen meistens, um deinen
Punkt klarzumachen. Achte auch
darauf, locker zu schreiben. Soziale
Medien sind nicht der Ort für Flos-
keln oder Amtsdeutsch. **Stell dir vor,
du würdest persönlich mit deinen
Kund:innen sprechen, dann triffst
du einen passenden Sprachstil.**

27

Versuche zur Inspiration, Alltagsgespräche aufzuschnappen, um herauszufinden, was Menschen interessiert.
Notiere dir authentische Aussagen, verbale Neuschöpfungen oder einfach Gesprächsfetzen. In der Bahn, unterwegs, vielleicht telefoniert jemand an der Kasse vor dir, sei aufmerksam und achte auf das, was passiert. Notiere, was interessant oder außergewöhnlich ist, es könnte später ein Post daraus werden.

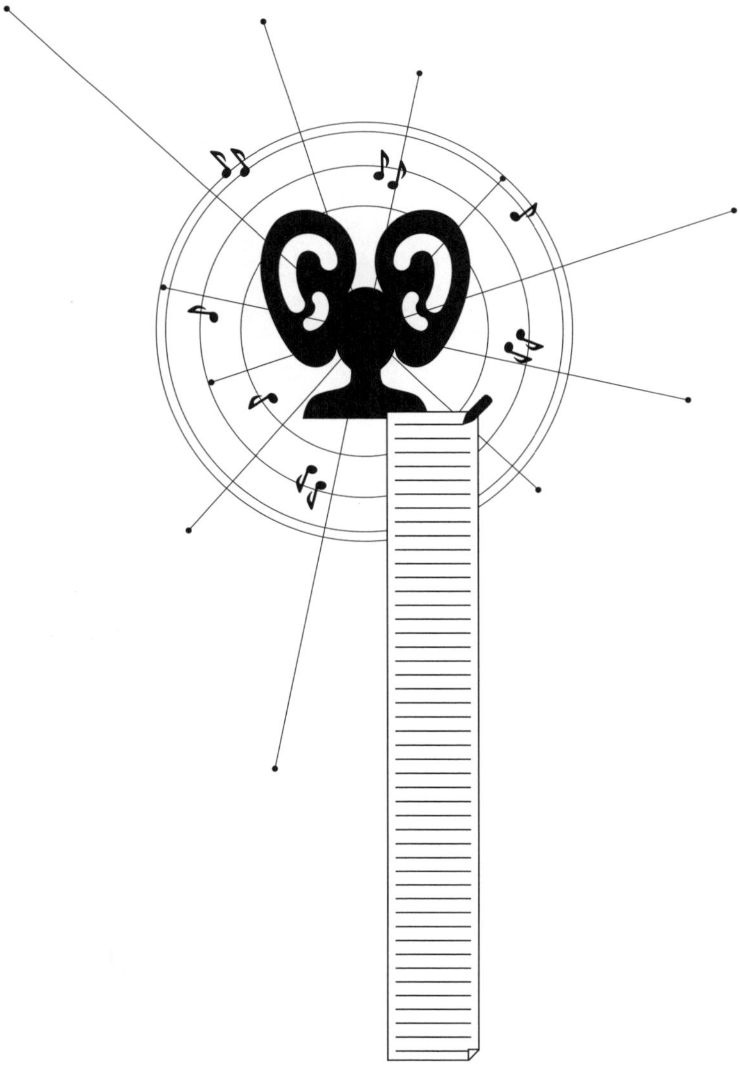

27

28

Überprüfe

Bevor du einen Text postest, überprüfe ihn auf folgende Merkmale:

☐ Ist die Botschaft leicht, schnell und unmittelbar verständlich?

☐ Wird explizit und direkt kommuniziert?

☐ Wird sich die Zielgruppe angesprochen fühlen?

☐ Ist die Aussage glaubwürdig?

☐ Emotionalisiert die Aussage?

☐ Hat sie das Potenzial, Aufmerksamkeit auf sich zu ziehen?

☐ Passen Botschaft und Sprache zu deiner Marke?

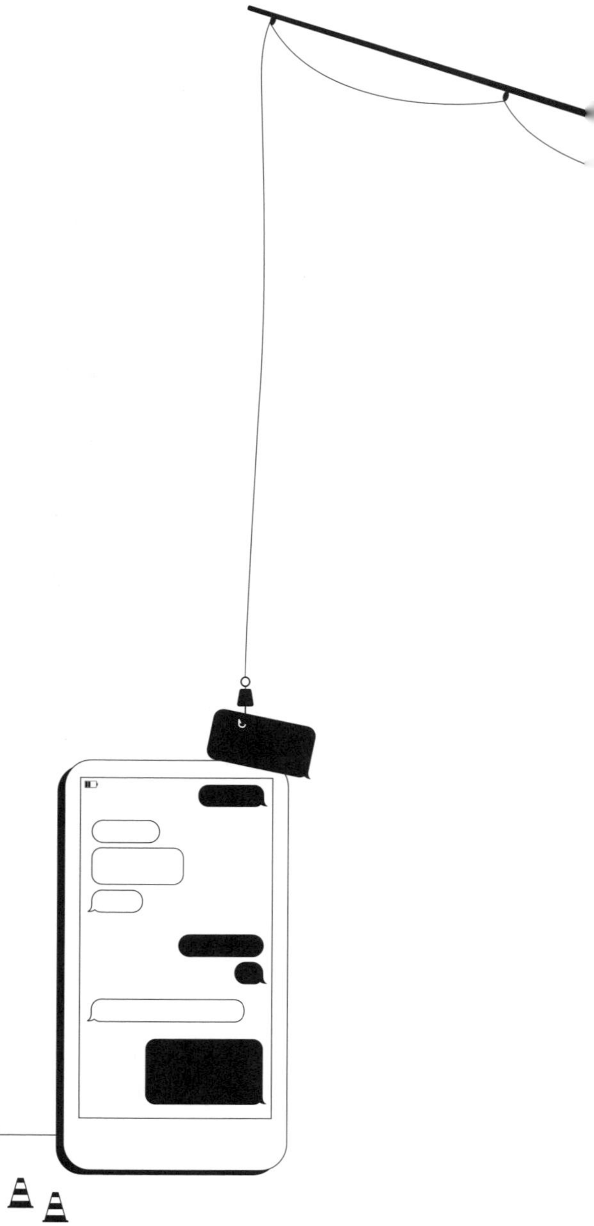

28

Ganz wichtig ist dabei, dass jeder Text ein klares Ziel verfolgt. Beteilige dich an Gesprächen, um präsent zu sein – sowohl bei deinen eigenen Posts als auch bei anderen.

Um ein Gespräch anzuregen, wende dich mit Fragen, Aufrufen oder Bitten an deine Leser:innen. Fordere sie auf, zu kommentieren und ihre Meinung mitzuteilen. So lernst du etwas über deine Followerschaft und ziehst gleichzeitig die Aufmerksamkeit auf deinen Account. **Die Aufforderung deiner Leser:innen nennt sich »Call-to-Action«.** Auf Social Media kann das zum Beispiel eine konkrete Aufforderung zu liken, zu reposten oder zu kommentieren sein.

Gute Social-Media-Texte sprechen deine Leser:innen an, wecken Emotionen und regen zum Nachdenken an. **Wenn du erfolgreiche Texte schreiben willst, musst du damit dein Publikum begeistern oder emotional berühren.** Dazu muss deine Story nicht komplex sein, aber auf jeden Fall zu den Interessen deiner Zielgruppe passen. Erzeuge Spannung, wecke Neugier, stich heraus. Frage dich, ob dein Post unterhaltsam oder informativ ist oder ob du deiner Leserschaft einen anderen Mehrwert bieten

kannst. Nicht jeder Post, den du veröffentlichst, muss etwas Besonderes sein. Aber mit der Zeit wirst du herausfinden, wie du deine Zielgruppe am besten erreichen kannst. Mehr zum Thema Postinhalte erfährst du im Abschnitt »Ideen« auf Seite 140.

Manche Posts sind reine Textbotschaften. Besonders auf Twitter nimmt Text einen großen Raum ein. Das liegt vor allem an der Beschränkung der Textlänge auf dieser Plattform. **Das bringt die Menschen dazu, sich auf das Wesentliche zu beschränken, und überfordert nicht beim Lesen.** Intensive Kommunikation findet auch unterhalb der Posts in den Kommentarspalten statt. Bei Twitter geht es hier manchmal ziemlich hemmungslos zu, und es herrscht durchaus mal ein zynischer Ton. Auf anderen Plattformen wie zum Beispiel TikTok und Instagram Reels wird ähnlich viel kommentiert.

Mit Bild- oder Videobeschreibungen kannst du **deinen Inhalt in einen Kontext setzen, Zusatzinformationen bieten, die Betrachter zur Interaktion einladen und mit ihnen kommunizieren.** Bei den meisten Beschreibungstexten (Caption) werden auf dem Homefeed nur die ersten zwei Zeilen angezeigt, und man muss auf *mehr lesen* klicken, um den ganzen Text zu sehen. Platziere die wichtigsten Informationen also am Textanfang.

Die meisten Plattformen haben für Texte eigene Vorgaben (Zeichenanzahl, Umbrüche, Verlinkungen) und eigene Textgepflogenheiten (Hashtags, Tonalität). **Exemplarisch siehst du auf dieser Seite einen Twitter-Post und einen Instagram-Post im Vergleich.**

Durch Reactions, Likes, Reposts und Shares kannst du via Social Media auch ganz ohne Text kommunizieren.

Der direkteste Weg, dich mit anderen User:innen auszutauschen, führt über die privaten Nachrichten. Hier kannst du individuell auf deine Gesprächspartner:innen eingehen und auch längere Unterhaltungen führen.

💡 **Tipp:** Wäge ab, in welchem Verhältnis Aufwand und Nutzen stehen. Stundenlang mit unzufriedenen Kund:innen zu diskutieren, lohnt sich meistens nicht.

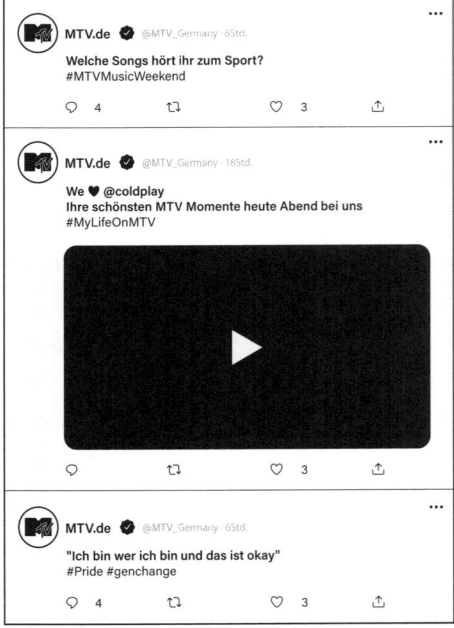

MTV Tweets, 11.07.21

♥ ● ▼ ◤

@mtvgermany ● Habt ihr Bock auf den
Festival Sommer 🌊⛵? Gut das bald @1live
Festivalsommer ist 🎵
Wir verlosen jeweils 2 x 4 Tickets für das
@alicemerton Konzert am 09.07.21 und das
@provinzband Konzert am 10.07.21 , beide in
Waldfreibeck Walbeck, Geldern.

Wie ihr gewinnt?

• Folge
@mtvgermany auf Instagram
• Markiere einen Freund und auf welches
Konzert ihr Lust habt ☺ !
• Like diesen Post!

TEILNEHMER
MÜSSEN MINDESTENS 18 JAHRE ALT
SEIN! Für das Gewinnspiel gelten
unsere AGBs gemäss
mtv.de/info/agb-gewinnspiele

Teilnahmeschluss ist der 07.07.2021

5d

MTV Instagram-Post, 06.07.21

29

Schau auf deine **Worksheets** 🔳 und
vergegenwärtige dir noch einmal,
welche Werte deine Marke vermitteln
will und mit welcher Tonalität du deine
Zielgruppe am besten ansprichst.
Überlege dir, in welchem Land deine
Zielgruppe lebt, und wähle dementsprechend die Sprache, in der du
kommunizierst.

Achte darauf, keine Rechtschreib-
fehler in deinen Posts zu machen!
**Lies dir den Text vor der Veröffentli-
chung am besten noch mal aufmerksam durch,** denn auch durch die gut
gemeinte Autokorrektur schleichen
sich manchmal Fehler in Texte.

Detailliertere Informationen zum
Thema Schreiben geben die Bücher
»Werbetext und Kommunikation« von
Dominik Pietzcker sowie »Texten fürs
Web« von Stefan Heijnk. 🔗 **111.1**

29
*Verfasse nun einen »Hallo, ich bin jetzt auf Social-Media«-
Post. Wenn du den Post mit Bild oder Video unterlegen
willst oder noch unsicher bist, warte mit der Veröffentlichung bis zum Kapitel »Posten« (siehe Seite 150) und
speichere den Text als Entwurf.*

Bild

Mit einem Bild sicherst du dir die Aufmerksamkeit deines Publikums. Um etwas visuell zu erfassen, muss wesentlich weniger Konzentration aufgebracht werden als bei einem Text, der zuerst einmal gelesen werden muss. **Ein Bild hinterlässt also schon auf den ersten Blick einen Eindruck.** Die Schwierigkeit dabei ist jedoch, aus der gigantischen Masse herauszustechen und in Erinnerung zu bleiben.

Fotos können in fast allen sozialen Netzwerken hochgeladen werden, aber besonders bei Instagram, Facebook und Pinterest stehen sie im Fokus. **Innerhalb von Millisekunden musst du auf dich aufmerksam machen.** Deswegen ist es auch so wichtig, spannende Bilder zu haben.

Überlege genau, wie du dein Motiv in Szene setzt. Das Bild sollte eine Geschichte erzählen. Bevor du zu fotografieren beginnst, solltest du unbedingt ein Konzept für deinen gesamten Feed entwickeln. **Erarbeite Motive, die einen Mehrwert für deine Community haben.** Behind the Scenes, Produkt-Hacks oder Anwendungsbeispiele. Inspiriere. Wähle deine Motive so, dass deine Persona sich damit identifizieren oder sich in sie hineinversetzen kann. Ein Bild kann nicht nur dein Angebot vorstellen, sondern auch die Ausstrahlung deines Unternehmens widerspiegeln. Blättere zurück zu **Übung 5** und lies dir deine Alleinstellungsmerkmale durch. Zeige sie in deinen Bildern. **Weitere Content-Ideen und Kreativmethoden findest du auf den Kreativkarten am Ende des Buchs.** Entwickle einen eigenen Bildlook aus deinem Moodboard heraus. Wie sehen die Bilder aus, die du aufgeklebt hast? Überprüfe, ob dein Look an die Zielgruppe angepasst ist und darauf ausgelegt ist, die von dir gesetzten Ziele zu erreichen. **Nimm dir beim Fotografieren genügend Zeit, das erleichtert dir die Nachbearbeitung.**

Zum Fotografieren brauchst du nur ein fotofähiges Handy. Die Anforderungen unterscheiden sich natürlich stark je nach Motiv. Vier mögliche Settings siehst du rechts. Hinweis: Das Motiv und der Inhalt sind immer am wichtigsten! Probiere hier selbst aus, welches Setting am besten für dich geeignet ist. Wenn du zufrieden mit einem Ergebnis bist, schreibe dir ganz genau auf, wie du zu dem Bild gekommen bist, damit du dein Vorgehen rekonstruieren kannst. Wie weit ist die Kamera von deinem Objekt entfernt? Steht sie auf einem Stativ, oder hast du sie in der Hand? Welche Kameraeinstellungen hast du benutzt?

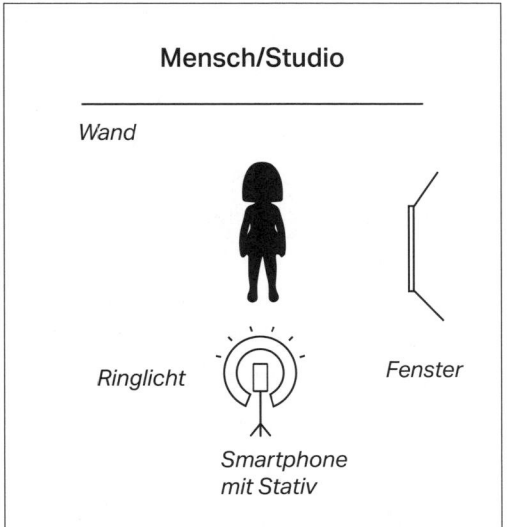

Mensch/Studio

Wand

Ringlicht

Fenster

Smartphone
mit Stativ

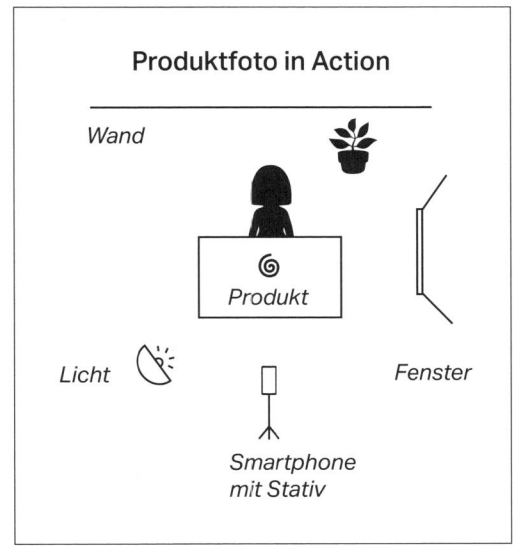

Produktfoto in Action

Wand

Produkt

Licht

Fenster

Smartphone
mit Stativ

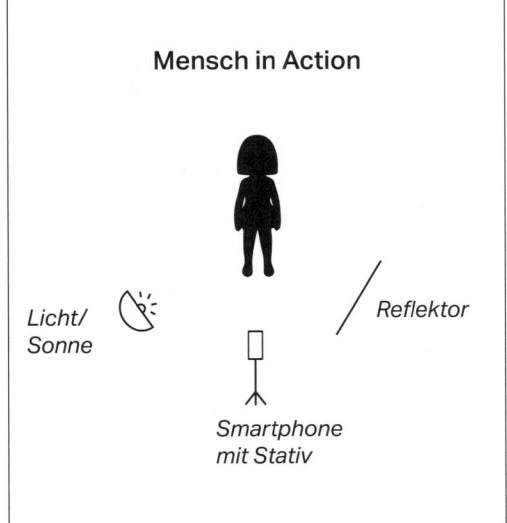

Mensch in Action

Licht/
Sonne

Reflektor

Smartphone
mit Stativ

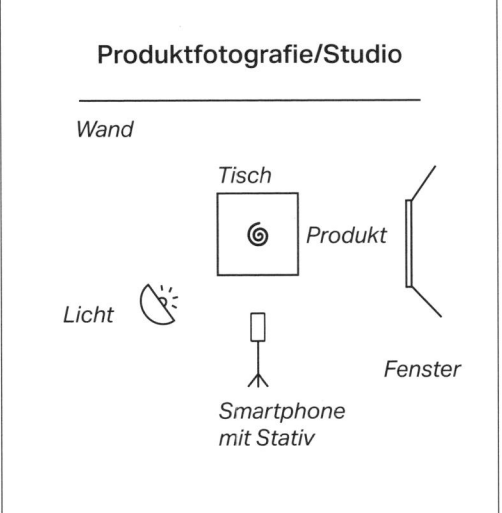

Produktfotografie/Studio

Wand

Tisch

Produkt

Licht

Fenster

Smartphone
mit Stativ

Achte darauf, dass deine Szene richtig ausgeleuchtet ist. Versuche, bei Tageslicht zu fotografieren, oder mach das Licht an und benutze Lampen (z. B. Schreibtischlampen oder Taschenlampen). Damit erhöhst du die Bildqualität, und das Bild sieht professioneller aus. Im Idealfall kommst du ohne Blitz aus. Dieser wirft meistens harte Schatten und erzeugt einen ungewollten schwarzen Rahmen (Vignette). **Beim Fotografieren sollte nichts dem Zufall überlassen werden,** und wenn du dich für eine außergewöhnliche Einstellung entscheidest, sollte das einen gestalterischen Grund haben.

Deine Bilder sollten wiedererkennbar sein. Das erreichst du, indem zum Beispiel der Hintergrund immer der gleiche ist. Du kannst aber auch subtiler vorgehen, z. B. durch eine immer gleiche Farbpalette in deinen Bildern. Schau dir hierfür mal den Instagram-Kanal von *@leibniz_de* an 🔗 114.1. Die Zugehörigkeit zur Brand ist gut zu erkennen.

💡 **Tipp:** Wenn du beispielsweise immer vor einer weißen Wand fotografierst, sollte diese Wand auf allen Fotos auch den gleichen Weißton haben. **Das schaffst du, indem du**

immer unter den gleichen Bedingungen fotografierst. Farben und Look kannst du zwar im Nachhinein bearbeiten, aber je mehr du direkt auf ein gutes Bildergebnis achtest, desto mehr Bearbeitungszeit sparst du dir.

Am besten leitest du den Blick der Betrachter:innen schon durch dein Arrangement auf das gewünschte Motiv. Das schaffst du, indem du eine ausgewogene Bildkomposition kreierst.

Außerdem sollten deine Bilder an der richtigen Stelle scharf sein.

Es kommt immer auf Details an. Wenn du einen Post machst, solltest du ihn vorher gut durchdacht haben. Vom Bildhintergrund bis zur Trinkflasche, die bei einem Porträt im Bild stören könnte. Was ist für die Message relevant und was nicht? Wenn du an alles gedacht hast, ist die Aufmerksamkeit des Publikums genau da, wo du sie haben willst.

30

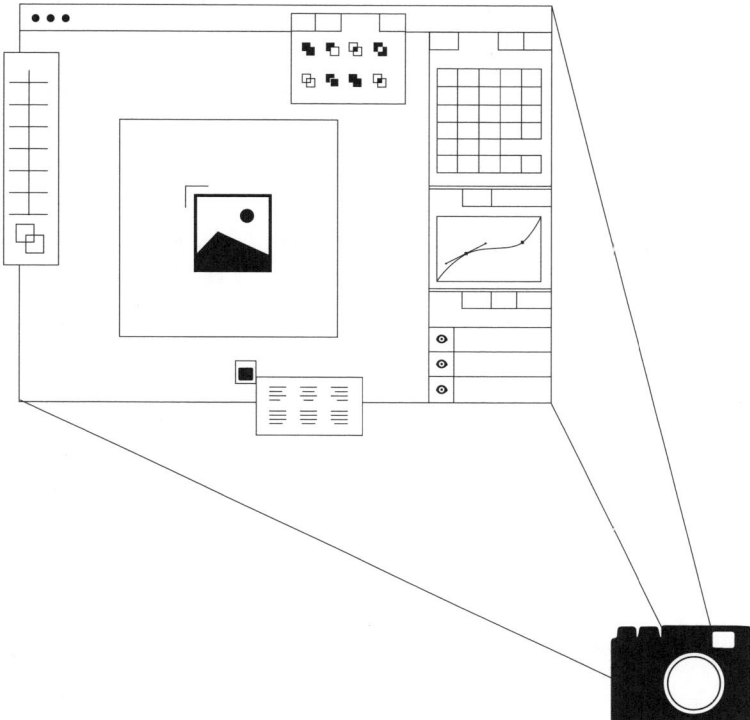

30

Mach einige Testfotos und klebe sie auf dein Moodboard.
Passen sie zusammen? Überlege dir, welche Fotos du oft
und einfach machen kannst, ohne dass sie für deine Be-
trachter:innen langweilig werden.

Menschen auf deinen Bildern kommen auf Social Media sehr gut an. Sie machen es deinen Follower:innen noch einfacher, sich selbst wiederzuerkennen, beleben deinen Kanal und werden von den meisten Algorithmen bevorzugt ausgespielt. Achte aber darauf, dass du dich hier an die **Datenschutzgrundverordnung** und das **Urheberpersönlichkeitsrecht** hältst. Mehr dazu findest du im Abschnitt »Recht« auf Seite 136.

💡 **Tipp:** Du musst deine Bilder gar nicht zwangsläufig selbst erstellen. Es gibt viele Künstler:innen, die ihre Bilder, Videos und Illustrationen zum Beispiel auf Pixabay, Pexels und Unsplash kostenlos und lizenzfrei zur Verfügung stellen. 🔗 **116.1**

Bei diesen Bildern besteht allerdings die Gefahr, dass du nicht authentisch wirkst. Mit einem Stockimage zeigst du schließlich wenig Individualität.

Nimm dir Zeit bei der Bildauswahl. **Überlege dir jetzt schon, in welcher Reihenfolge du die Bilder posten möchtest.** Eine Geschichte kann auch über mehrere Posts oder sogar über einen ganzen Kanal hinweg erzählt werden. Pass auf, dass der Content nicht langweilig wird, weil er sich zu häufig wiederholt.

In den meisten Fällen müssen die Bilder noch bearbeitet werden. Zur Bildbearbeitung gibt es mittlerweile diverse Apps, die dir umsonst zur Verfügung stehen. Viele Plattformen bieten außerdem beim Hochladen umfangreiche Möglichkeiten der Bearbeitung. So wird es für dich einfacher, einen einheitlichen Look für deine Bilder zu erreichen. **Ein Filter oder eine stets gleiche Bearbeitung schafft einen Wiedererkennungseffekt.** Schau dir nochmals dein Corporate Design an und prüfe, ob die Bilder in dein Designkonzept passen und deine Zielgruppe adressieren. Übertreibe es aber nicht mit den Filtern.

Bei Bildern muss es sich natürlich auch nicht immer um Fotografien handeln. Du kannst auch Grafiken und Illustrationen veröffentlichen, wenn sie zu deinem Brand passen. Apps wie *Canva, Feeds* und *Clay* helfen dir bei der Erstellung. 🔗 **116.2**

Überlege dir einen Workflow, um regelmäßig Content posten zu können. Um dir Arbeit zu sparen, rate ich dir, Bilder vorzuproduzieren. Im Abschnitt »Redaktionsplan« auf Seite 144 wirst du einen Postplan erstellen, der dir helfen soll, dranzubleiben. Gerade bei Produkten, die einen aufwendigen

31
32
33

Set-Aufbau benötigen, ergibt es Sinn, mehrere Bilder auf einmal zu schießen. Nimm dir beispielsweise am Anfang des Monats Zeit, um dich intensiv mit dem Fotografieren zu beschäftigen und für den gesamten Monat Inhalte zu generieren.

Du solltest nicht den Anspruch haben, gleich das perfekte Foto zu schießen. Du wirst besser, wenn du verschiedene Dinge ausprobierst, deine Ergebnisse kritisch analysierst, sie mit anderen besprichst und ständig versuchst, besser zu werden.

Detailliertere Informationen zu Fotografie und Bildbearbeitung findest du z. B. in dem Buch »Digitale Fotografie« aus der Bibliothek der Mediengestalter des Springer-Verlags. 𝒫 **117.1**

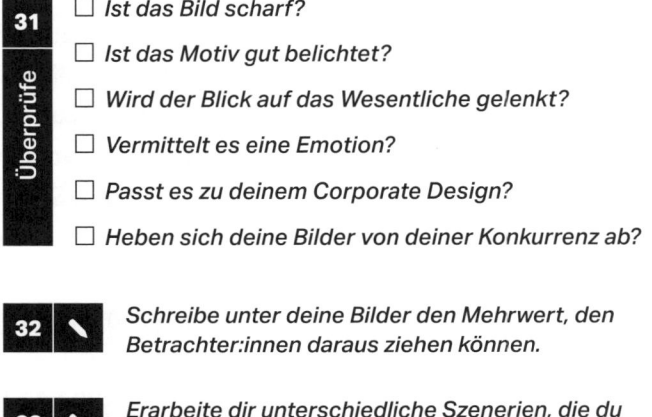

31 | Überprüfe

☐ *Ist das Bild scharf?*

☐ *Ist das Motiv gut belichtet?*

☐ *Wird der Blick auf das Wesentliche gelenkt?*

☐ *Vermittelt es eine Emotion?*

☐ *Passt es zu deinem Corporate Design?*

☐ *Heben sich deine Bilder von deiner Konkurrenz ab?*

32 ✎ *Schreibe unter deine Bilder den Mehrwert, den Betrachter:innen daraus ziehen können.*

33 ✎ *Erarbeite dir unterschiedliche Szenerien, die du regelmäßig fotografieren und posten kannst.*

Video

85 % der Internetnutzer:innen schauen mindestens einmal monatlich Videos! Dabei ist YouTube die klassische Videoplattform. Sie ist nach Google die zweitgrößte Suchplattform weltweit und unterscheidet sich damit von den anderen Plattformen. Auf diesen haben Videos meist einen hohen Unterhaltungswert und sind tendenziell viel kürzer (3 Sekunden – 3 Minuten) als auf YouTube. Vor allem auf TikTok und immer mehr auch auf Instagram sind Videos der zentrale Content.[21]

Im Gegensatz zu YouTube, wo Videos normalerweise im **Querformat (16:9)** hochgeladen werden, sind die anderen Plattformen auf **hochformatige (9:16)** Videos spezialisiert, ausgelegt für die Mobile-Ansicht auf Smartphones.

An den Erfolg von TikTok angelehnt, bieten Instagram und YouTube jetzt **Reels** und **Shorts** an, die wie die Videos bei TikTok kürzer als eine Minute sind. **Die meist schnell aneinandergeschnittenen kurzen Szenen mit wiedererkennbaren Songs liegen aktuell voll im Trend.**

Eine weitere Form, bei der Videos, aber auch Bilder ins Spiel kommen, sind **Stories**. Diese kurzen Beiträge aus dem Alltag von Menschen findest du meistens prominent am oberen Screenrand. Das Schöne ist, dass eine Story kaum Vor- oder Nachbereitung erfordert und du unkompliziert mit deiner Zielgruppe interagieren kannst. Es geht ganz einfach: Du öffnest die Storyfunktion, machst ein Video oder ein Bild und hast über die jeweilige App unzählige Möglichkeiten, den Inhalt zu ergänzen. **Du kannst Fragen stellen, Umfragen machen, Musik hinzufügen und den Inhalt mit Stickern, Schrift, Zeichnungen etc. ergänzen.** Stories sind nach 24 Stunden nicht mehr zu sehen.

Du kannst in Stories beispielsweise, News, Termine, Updates, Teaser, Behind the Scenes, Pakete, die zum Versand bereitstehen, und was dir

21 – https://www.oberlo.com/blog/youtube-statistics

34

34 *Stelle dein Angebot in einem kurzen Video vor. **Starte mit dem Storyboard.** Es geht nicht darum, schön zu zeichnen, sondern an alles zu denken. Wo wird gefilmt? In welcher Einstellung? Wer wird gefilmt? Gibt es einen Dialog? Was brauchst du pro Szene? Wo sind Lichtquellen?*

Instagram Story

sonst noch so einfällt, veröffentlichen. Hier müssen nicht alle Inhalte von dir stammen, du kannst auch Posts von anderen reposten und dich zu bestimmten Themen positionieren.

Neben geplanten und vorproduzierten Kurzclips kannst du in den sozialen Netzwerken auch Live-Videos drehen. Der Vorteil von Live-Videos ist die geringe Vorbereitungszeit und die nicht erforderliche Nachbereitung (z. B. Schnitt). Du präsentierst dich hier noch **unmittelbarer, ehrlicher und direkter.**

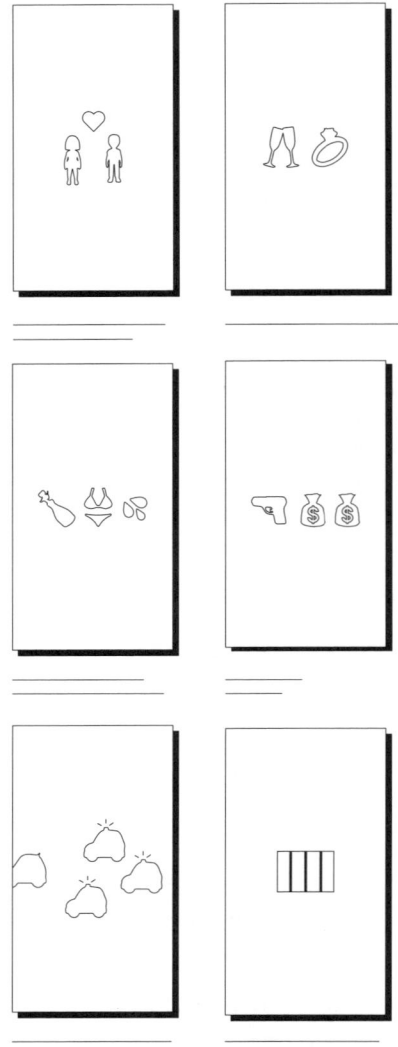

logische Storytelling. Bei wichtigen Mitteilungen wartest du mit dem Start am besten fünf bis zehn Minuten. Überbrücke die Zeit und unterhalte dich mit denjenigen, die schon dabei sind. Du kannst auf Kommentare eingehen und dich direkt an die Teilnehmenden wenden. Es ist vergleichbar mit einem öffentlichen Zoomcall, bei dem alle außer dir auf stumm geschaltet sind.

Inhaltlich kannst du in Live-Videos Statements zu bestimmten Themen abgeben, mit deiner Community diskutieren oder sie live in deinen Prozess einladen, zum Beispiel in die Produktion. **Diese Art von Video-Output bietet sich vor allem dann an, wenn du bereits eine kleine Reichweite hast.**

Vielleicht wirst du dir am Anfang komisch vorkommen, vor der Kamera zu stehen und mit einem unsichtbaren Gegenüber zu reden, das wird sich aber mit der Zeit legen.

Gehst du live, bekommen deine Follower:innen die Mitteilung, dass sie dir jetzt zuschauen können. Das bedeutet aber auch, dass sich ständig neue Zuschauer:innen dazuschalten können, die nicht wissen, was du schon alles erzählt hast. **Das erschwert das chrono-**

Auf YouTube ist der Anspruch an Videoqualität wie bereits beschrieben etwas höher. Falls du zum Beispiel Werbevideos, Dokumentationen oder Tutorials auf deinen Kanälen veröffentlichen möchtest, wendest du dich am besten an professionelle Filmschaffende. Bei etwas weniger

Budget empfehle ich dir, bei Design- oder Filmhochschulen nachzufragen. **Es gibt viele gute Student:innen, mit denen du sicherlich ein gutes Ergebnis hinbekommst.**

Reels, TikToks, Shorts und Stories sind oft keine aufwendig produzierten Werbevideos. Es geht darum, deinen Kunden kleine, unterhaltsame Auszüge aus deinem Markenumfeld zu zeigen. **Kurze, kompakte Eindrücke, die deine (Brand-)Persönlichkeit zeigen.** Du kannst damit dein Angebot verständlicher und interessanter inszenieren. Das kann eine Anleitung sein, eine Reaktion, ein Produktionsauszug ... im Grunde kannst du alles zeigen.

Dabei ist es wichtig, dass die Videos auf den Punkt gebracht werden – ohne unnötig lange Einleitungen und Leerlauf. Überlege dir ein konkretes Thema, das du in deinem Video aufgreifen möchtest, und mach für deine nächste Idee lieber einen neuen Clip. Die Aufmerksamkeitsspanne deines Publikums ist kurz. Interessante Videos bieten einen Mehrwert, sie informieren oder unterhalten. **Je außergewöhnlicher deine Videos sind, desto eher bleiben sie im Kopf, werden geteilt und verbreitet.** Inspiration findest du in der *Entdecken*-Rubrik auf TikTok.

Bevor du filmst, braucht dein Video also ein Konzept. Eine Geschichte und vor allem eine Pointe. Gehe hier ganz strategisch vor und beantworte für dich folgende Fragen:

- Was ist dein Ziel?
- Auf welcher Plattform willst du das Video veröffentlichen?
- Welche Geschichte willst du erzählen?
- Was brauchst du an Requisiten?
- Welche Location bietet sich an?
- Wen kannst du filmen?
- Gibt es eine Audiospur?

Überlege dir Schritt für Schritt, was in dem Video passieren und wie es dargestellt werden soll. Wenn du jede Sequenz (Szene) skizzenhaft aufzeichnest, hast du ein Storyboard. Schreibe neben jede einzelne Szene, wie der Aufnahmewinkel sein soll, ob es Text gibt, wo die Szene spielt und welche Materialien erforderlich sind. Damit bekommst du eine genaue Vorstellung von dem, was du willst, und bist beim Drehen gut vorbereitet.

So wie deine Fotos kannst du auch Videos mit den meisten Smartphones selbst produzieren. **Die Story ist wichtiger als die Qualität.** Achte darauf, dass deine Szene gut beleuchtet ist, das Bild scharf ist und Videos aus

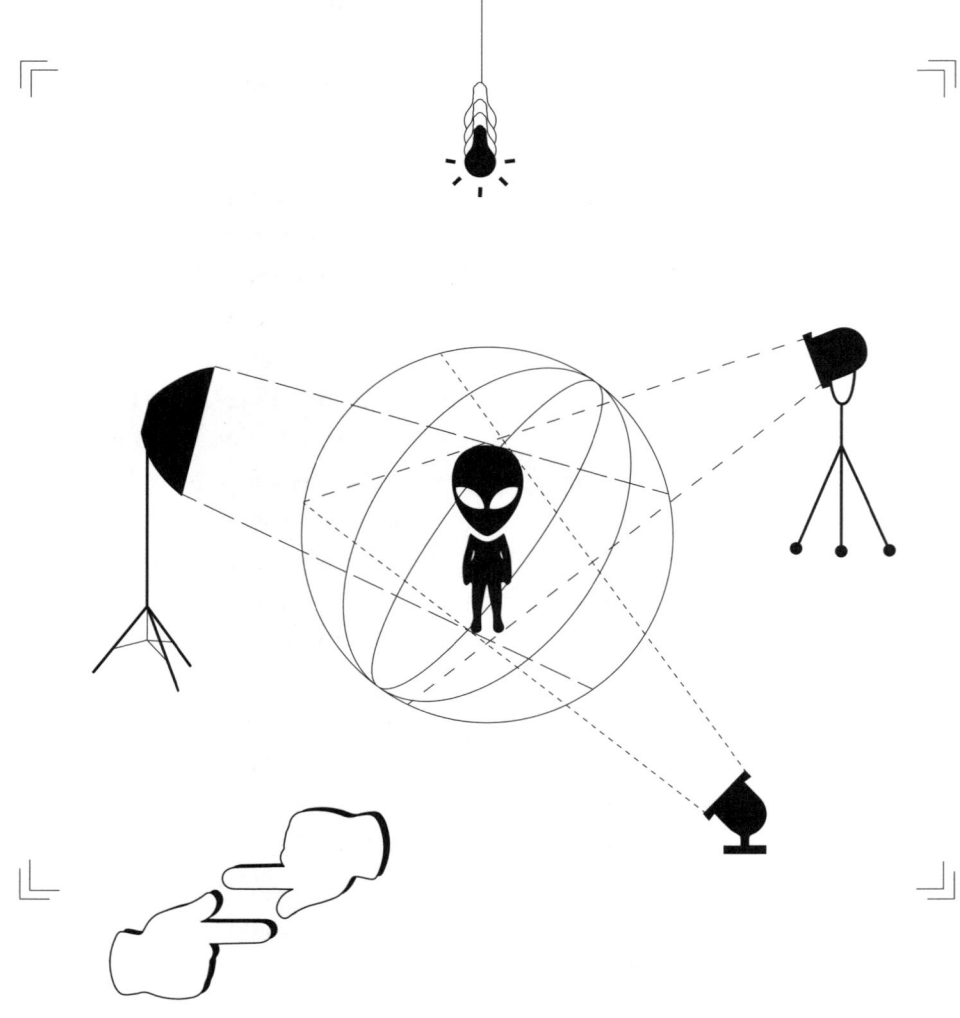

35

Produziere jetzt dein Video. Wenn du erste Ergebnisse hast, zeige es Freund:innen und der Familie und hole dir Feedback ein.

35

36

einer Serie die gleiche Farbwirkung haben. Ein Stativ ist zu empfehlen – vor allem wenn du deine Videos allein aufnimmst. Das ist natürlich möglich, **du erleichterst dir aber die Arbeit, wenn du jemanden hast, der dir assistiert und dich unterstützt.** Allein schon für die Bildkomposition ist es viel einfacher, wenn du die Szene durch die Linse anschauen und wie gewünscht arrangieren kannst.

Wie schon im vorherigen Kapitel beschrieben, funktioniert Content mit Menschen auch bei Videos sehr gut. Vor allem wenn du dich authentisch und spontan präsentierst. Falls du lieber hinter statt vor der Kamera stehst, solltest du dir auf jeden Fall die Bildrechte derjenigen einholen, die du filmst. Übrigens darfst du auch nicht an allen Locations ohne Genehmigung filmen. Falls du also auf einem fremden Grundstück oder in der Öffentlichkeit bist, sichere dich vorher ab.

Für die meisten Plattformen kannst du den jeweiligen Content in der App selbst produzieren, schneiden, bearbeiten und veröffentlichen. **Instagram und Co. bieten viele Möglichkeiten an und bringen ständig neue Filter, Übergänge und Funktionen heraus.** Achte darauf, dass das Wesentliche in der Mitte stattfindet und später nicht von den Like- und Profil-Buttons überdeckt wird. Lass dich von anderen Inhalten inspirieren. Videos, die im Trend liegen, erzählen häufig eigentlich immer wieder das Gleiche, interpretieren es aber neu.

💡 **Tipp:** Wenn das alles für dich Neuland ist, empfehle ich dir, einige YouTube-Tutorials zu dem Thema anzuschauen.

36

Überprüfe

☐ *Ist das Wesentliche zu erkennen?*

☐ *Hast du alle Bildrechte?*

☐ *Ist das Video sympathisch?*

☐ *Gibt es eine Pointe?*

☐ *Ist die Aufmerksamkeit in der ersten Sekunde geweckt?*

☐ *Wird die Spannung bis zum Schluss gehalten?*

☐ *Vermittelt es eine Emotion?*

☐ *Entspricht es deinem Corporate Design?*

Sound

Sound spielt im Social-Media-Bereich eine wichtige Rolle, meistens begleitend zu Videos oder Stories. In manchen Apps, wie zum Beispiel bei Instagram, hast du Zugriff auf eine umfangreiche Soundbibliothek, mit der du deinen Post unterlegen kannst. Nutze diese Möglichkeit. **Je mehr Sinne du bei deinem Publikum ansprichst, desto eher bleibst du in Erinnerung.**

Selbst produzierte Videos kannst du auch mit Sound unterlegen. **Lizenzfreie Musik findest du zum Beispiel in der YouTube-Soundbibliothek und im Creator Studio.** In verschiedenen kommerziellen Soundbibliotheken kannst du dir unterschiedliche Musik, Töne und Vocals kaufen.

Wenn du etwas erklären willst, verwende deine eigene Audiospur. Denke daran, dass manche das Video ohne Ton ansehen, und **untertitele die wichtigsten Informationen.** TikTok und Instagram bieten bei der Erstellung von Reels und TikToks in der App die Möglichkeit dazu.

Sound kann auch eine Logofunktion haben. Das ist zum Beispiel der Telekom perfekt gelungen, die mit fünf simplen Tönen sofort assoziiert wird. Du kannst deine Videos mit ähnlichen Inhalten zum Beispiel immer mit derselben Musik unterlegen, sodass Content und Musik miteinander assoziiert werden.

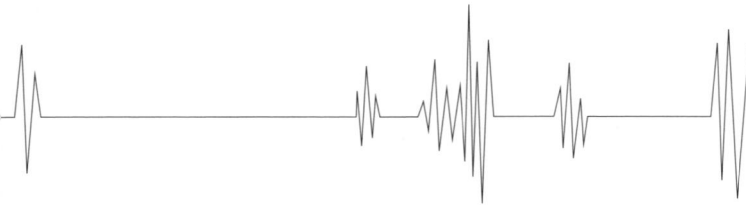

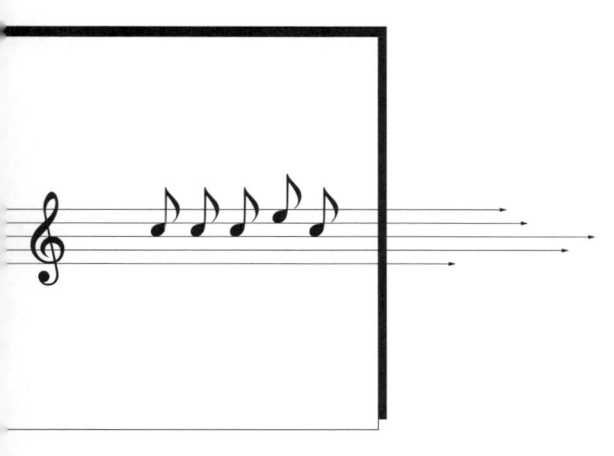

Konkurrenzanalyse 2

Lass dich von deinen Konkurrenten inspirieren. Die Analyse ist natürlich nicht dazu gedacht, eine Idee oder einen Look eins zu eins zu kopieren. Aber die Kanäle anderer anzuschauen, wird dir zeigen, welche Möglichkeiten es gibt. Quentin Tarantino hat einmal gesagt: »Ich stehle von jedem Film, der jemals gemacht wurde. Wenn mein Werk sich durch irgendwas auszeichnet, dann dadurch, dass ich ein Stück hiervon und ein Stück davon nehme und alles miteinander mische.«[22] Solange du am Ende etwas Neues und Eigenständiges gestaltest, ist also alles in Ordnung.

Betrachte deine Konkurrenz nicht als »Gegner:innen«, sondern als Knotenpunkte, um an potenzielle Kund:innen heranzukommen. **Unterstützt euch gegenseitig.** Es schadet nicht, mit dem einen oder anderen Kontakt aufzunehmen. Zögere nicht, einzelne Kontakte anzuschreiben, wenn du Fragen hast. Hinter den meisten Accounts verbergen sich Menschen wie du und ich.

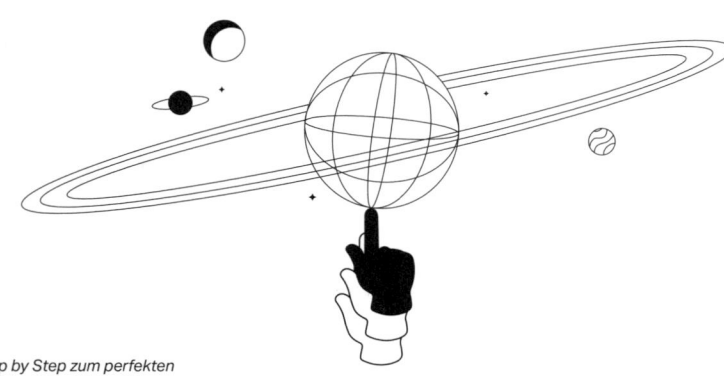

22 – Little White Lies, Mach Deinen Film: Step by Step zum perfekten Ergebnis auf Facebook, Instagram, Youtube & Co. (Seite 16)

37 ✎	Wer ist deine direkte Konkurrenz? (Wer bietet ein ähnliches/das gleiche Angebot an wie du?)	Wer ist deine indirekte Konkurrenz? (Wer ist in einem ähnlichen Bereich/einer ähnlichen Branche wie du tätig?)
Wer ist deine Konkurrenz?		
Postet deine Konkurrenz Bild, Text oder Video?		
Wie stellen sie sich visuell dar?		
Welchen Tonfall verwenden sie?		
In welchen sozialen Netzwerken ist deine Konkurrenz unterwegs?		
Mit wem könntest du dir (marketingtechnisch) eine Zusammenarbeit vorstellen?		
Was gefällt dir an dem Auftritt?		
Was gefällt dir an dem Auftritt nicht?		

37

fünf: Dein Onlineauftritt

Bevor du etwas postest, solltest du so viel wie möglich in einem Konzept definieren. Wenn du dann online gehst, ist das Posten und Veröffentlichen deutlich einfacher.

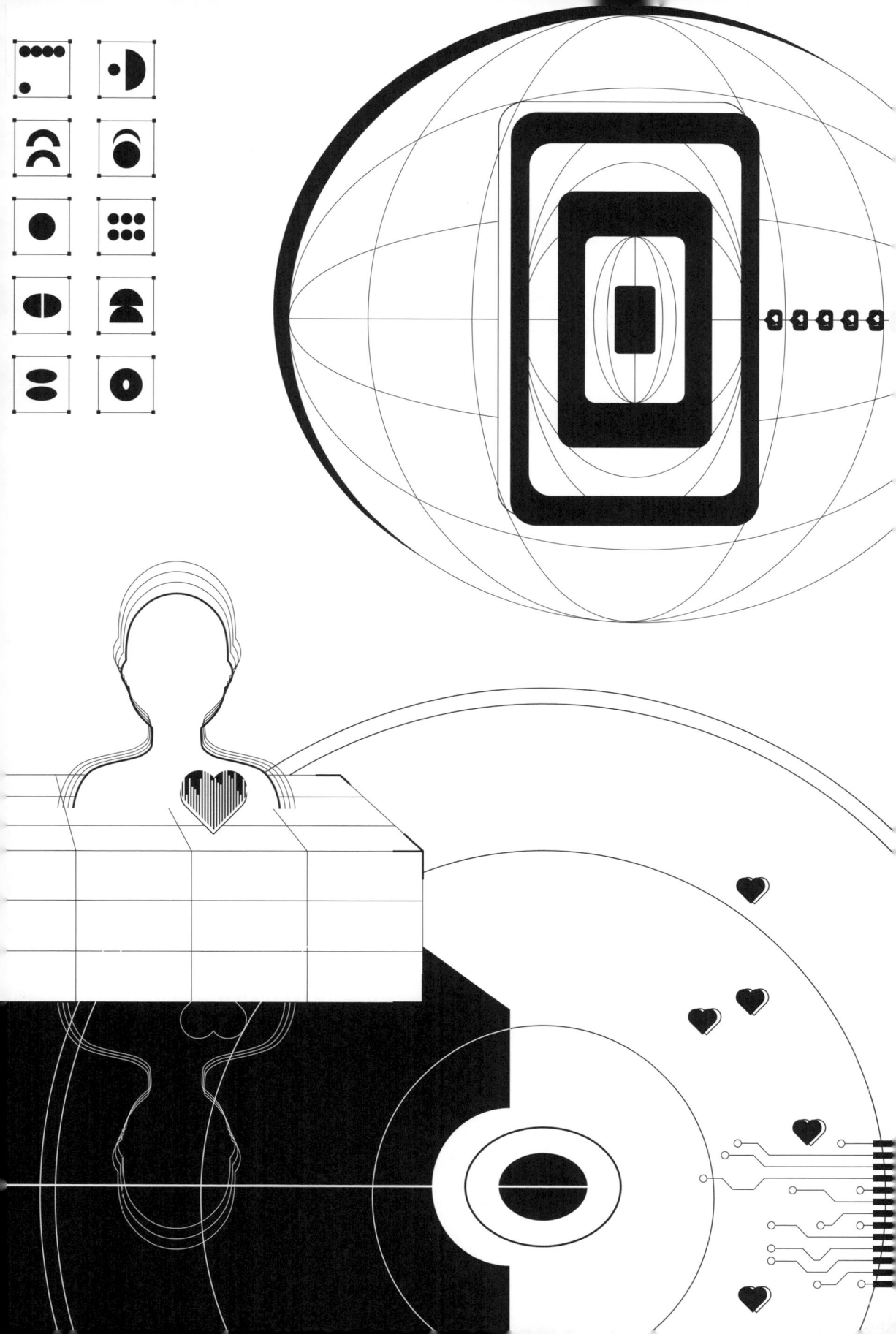

Verhalten

Überlege dir, wie deine Zielgruppe die jeweilige Social-Media-App nutzt, um sie gezielter zu erreichen. **Versuche zu verstehen, wie sie tickt, um sie aus der Reserve zu locken, sie zu überraschen und um im Gedächtnis zu bleiben.**

Wie ich zu Beginn des Buchs bereits angedeutet habe, lässt sich die Beziehung, die du mit deiner Followerschaft aufbauen willst, mit einer freundschaftlichen Beziehung im realen Leben vergleichen. **Man muss sich gegenseitig mit Respekt begegnen und ernst nehmen.** Es gibt aber auch einige Unterschiede im Umgang miteinander, die man mit der Zeit lernen muss.

Es ist nicht immer alles so, wie es scheint. Wenn dir jemand schreibt: »Ich liebe deinen Account!«, kann das schon stimmen, hat aber selten die gleiche Bedeutung wie im echten Leben. **Menschen sind mit ihren Äußerungen durch die Anonymität viel spontaner.** Das gilt vor allem auch für Kritik, die leider häufig ganz und gar nicht konstruktiv ist. Unangebrachte Kommentare kannst und solltest du löschen. Wenn jemand beleidigend oder in irgendeiner Form unangemessen agiert, kannst du seinen Account blockieren und melden. In solchen Fällen lohnt es sich nicht zu diskutieren. Accounts, die durch eine hohe Zahl negativer und kritischer Kommentare auffallen, nennt man Trolle. Der Psychologe John Suler beschreibt das Phänomen als **»online disinhibition effect«, also das Wegfallen der Hemmungen.**[23] Dazu führen seiner Meinung nach Anonymität, Unsichtbarkeit, projizierte Werte, Dissoziation (online kann ich jemand anderes sein) und fehlende Autorität. Um Kommentare und Nachrichten besser einzuordnen, hilft dir der Abschnitt »Selbsteinschätzung« auf Seite 62.

Es ist schwer, pauschal zu sagen, wer es mit seiner Aussage ernst meint und wer einfach nur deine Aufmerksamkeit, deine Likes oder dich als Follower:in gewinnen möchte. **Sei also immer kritisch und hinterfrage die Intention deines Gegenübers.** Sei dir darüber bewusst, dass Worte online eine andere Gewichtung haben als in persönlichen Begegnungen.

💡 **Tipp:** Solltest du öfter kontroverse Themen behandeln, kannst du für viele Posts die Kommentarfunktion deaktivieren.

Wenn aus einer negativen Rückmeldung eine immer weiter wachsende Gruppe kritischer Stimmen wird, entsteht ein Shitstorm. In so einem Fall

23 – https://de.wikipedia.org/wiki/Online_Disinhibition_Effect

38

Beobachte eine dir nahestehende Person bei der Social-Media-Nutzung. Bitte sie, dich einfach zu ignorieren und sich ganz natürlich zu verhalten. *Welche Inhalte sind interessant, werden gelikt, kommentiert, gespeichert oder geteilt? Notiere dir deine Erkenntnisse.*

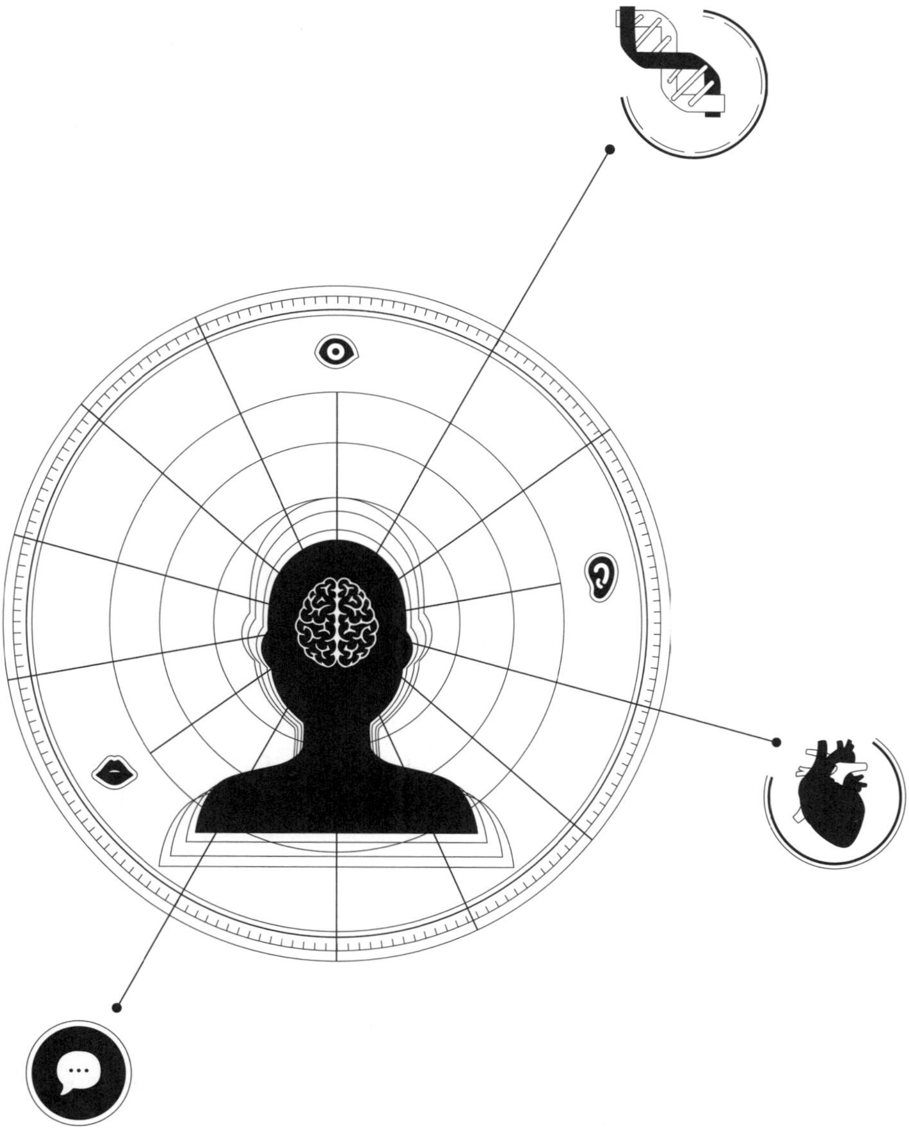

38

kannst du dir Hilfe bei den Plattformen oder bei der Polizei holen. Außerdem kannst du dich an die gemeinnützige Organisation *HateAid* wenden, sie helfen Betroffenen digitaler Gewalt mit kostenlosen Beratungen und Prozesskostenfinanzierungen. 🔗 **132.1**

Sollte der Shitstorm einen nachvollziehbaren Grund haben, empfehle ich dir, in einem Statement darauf einzugehen und dich zu entschuldigen. Grundsätzlich gilt nämlich nicht, dass du keine Fehler im Netz machen darfst. Solange du dich einsichtig zeigst, das Gespräch suchst, dich informierst und dich auch mal entschuldigen kannst, sind die meisten User:innen nachsichtig.

Kommentare, Likes und Interaktionen sowie Reichweite sind eine Art Währung auf Social Media geworden. User:innen gehen spendabel damit um. Auch du solltest unbedingt interagieren. Verbinde dich mit deiner Branche, mit Wettbewerbern, Mitstreiterinnen, Meinungsführern. Beteilige dich aufgeschlossen an Gesprächen mit hilfreichen oder konstruktiven Anmerkungen oder deiner individuellen Sichtweise. Es lohnt sich, hier auf andere zuzugehen, damit machst du auf dich aufmerksam.

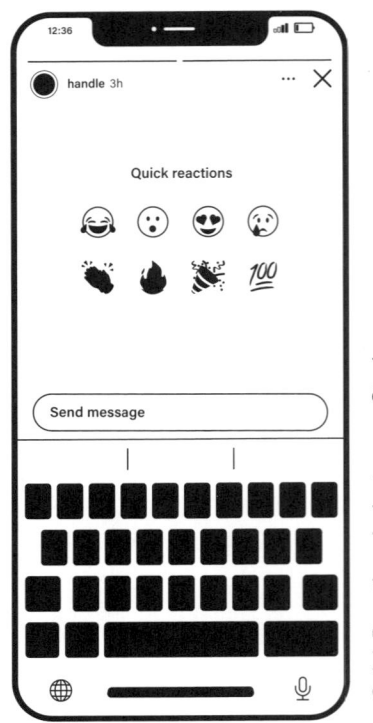

Quick Reactions in Instagram-Stories

Facebook ist eine große Plattform mit vielen unterschiedlichen »Bubbles«, eine Sprachform lässt sich hier nicht verallgemeinern. **Twitter** ist bekannt für einen besonders rauen Ton. Unterhalb von Tweets kannst du über Kommentare unkompliziert Unterhaltungen anfangen. Du interagierst auch, indem du Posts von anderen Kanälen mit oder ohne Kommentar retweetest. Neben Kommentaren wird auf **Instagram** auch viel via Stories kommuniziert – durch die Frage-Antwort-Option, aber auch über »Quick-Reaktions« und Direktantworten. **TikTok**-User:innen wird wenig Platz zum Austausch geboten, aber auch hier gehen Kommentare – und die werden fleißig abgegeben.

Auf allen Kanälen kannst du auch **direkte Nachrichten (PM/DM)** schicken. Das eignet sich besonders zur Kontaktaufnahme oder wenn du jemanden etwas fragen oder ein Kompliment machen willst.

Du solltest dich bei allen Social-Media-Aktivitäten politisch korrekt verhalten!

💡 **Tipp: Reagiere am besten so schnell wie möglich auf Nachrichten und Anfragen von anderen User:innen.** Dadurch fühlt sich dein Gegenüber respektiert.

Behalte dabei deine Erkenntnisse aus Kapitel 2 im Kopf und handle entsprechend deiner Corporate Identity. **Du bist online mit einem Ziel, verliere es nicht aus den Augen.** Du betreibst jetzt einen Business Account, und dein gesamter Auftritt soll um die Marke herum aufgebaut werden.

Auch deine Posts werden Aufmerksamkeit und Diskussionen auf sich ziehen. Überlege dir deswegen vor jeder Veröffentlichung, welche Reaktionen es geben könnte und wie du darauf eingehen möchtest.

💡 **Tipp:** Erstelle auf Google Sheets ein »Kommunikationskit«, in dem du häufig vorkommende Kommentare, Fragen und Anmerkungen sammelst und die passende Reaktion danebenstellst. Damit sparst du dir beim Beantworten Zeit und kannst gleichzeitig auswerten, in welche Richtung du deine Kommunikation noch verstärken möchtest, um zukünftig die eine oder andere Frage schon im Vorfeld zu beantworten.

Das hilft übrigens auch, wenn du deinen Social-Media-Account nicht alleine führst. So kannst du sicherstellen, dass dein ganzes Team den gleichen Sprachstil verwendet und ein einheitliches Unternehmensbild verkörpert. Je größer dein Team ist, desto detaillierter solltest du dein »Kommunikationskit« befüllen.

Authentizität

39 ✎ *Suche je drei Accounts, die du als authentisch oder als nicht authentisch empfindest. Begründe deine Wahl.*

Das magische Wort **Authentizität** hört man im Social-Media-Universum überall. **Du musst echt sein! Du darfst dich nicht verstellen! Wer authentisch ist, wird Erfolg haben.** Aber was bedeutet das überhaupt? Dass ich auch die schmutzige Ecke in meiner Werkstatt zeigen soll? Dass ich meinen Alltag mit der ganzen Welt teilen muss? Oder dass ich mich online über den Strafzettel aufrege, der gestern an der Windschutzscheibe klebte?

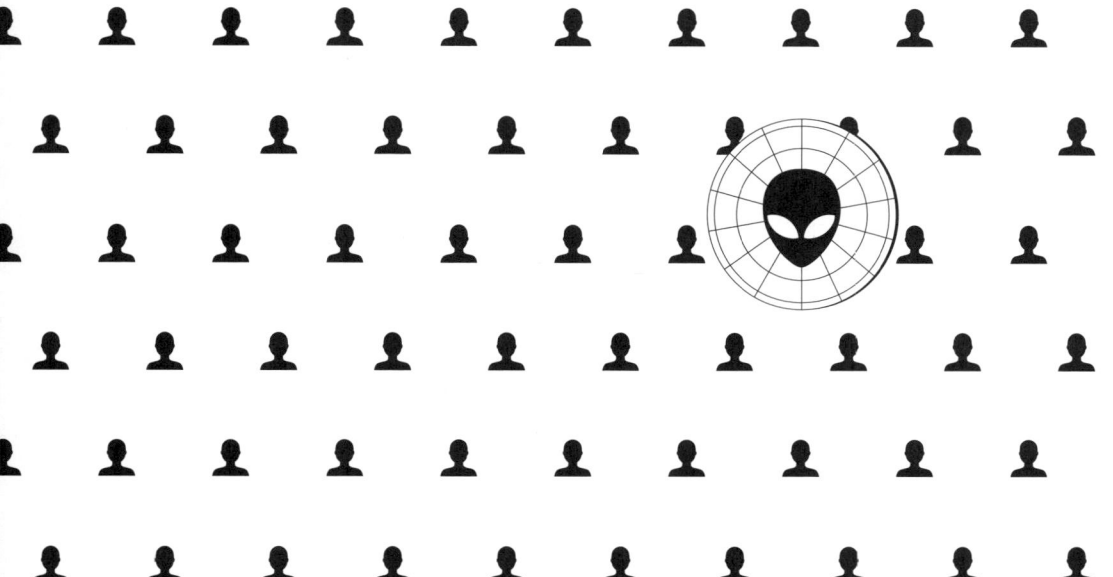

39

Der Duden beschreibt **authentisch** mit »echt; den Tatsachen entsprechend und daher glaubwürdig«. Für mich bedeutet es, dass du zu deinen Follower:innen ehrlich sein solltest. Natürlich kannst du dir aussuchen, was du veröffentlichen willst, und es ist für dein Angebot nicht nötig, dein Privatleben offenzulegen. Denke bei jedem Post darüber nach, ob du es in allem, was es bedeuten kann, vertrittst und ob es dich zu dem Ziel bringt, das du definiert hast. **Behandle deine Zielgruppe respektvoll, bleib du selbst, finde deine Sprache und vor allem: sei konsequent.** Achte darauf, dass du dir nicht versehentlich widersprichst. Du stehst für Nachhaltigkeit und umweltfreundliche Produkte? Dann verpacke sie nicht in Plastikfolien! Du möchtest Meinungen deiner Kund:innen erfragen? Dann begegne auch kritischen Kommentaren offen und zugewandt.

Ein authentischer Auftritt wird vor allem mit wachsendem Team immer schwieriger. Aber solange du weißt, wer du bist und was du kannst, wird es dir nicht schwerfallen, glaubwürdig zu sein.

Recht

Social Media ist kein rechtsfreier Raum. Und dieses Kapitel soll einen Einblick in die Bereiche geben, in denen du Probleme bekommen könntest. Das Kapitel deckt nicht die Rechtslage für eine eigene Website, Blogs oder Newsletter ab.

An die Vorschriften des Telemediengesetz und der Datenschutzgrundverordnung (DSGVO) müssen sich alle Inhaber:innen eines gewerblichen Social-Media-Accounts halten.

Namens- und Markenrechte

Namen und Marken oder sonstige »Kennzeichen« sind geschützt. Du darfst dein Unternehmen, deine Domain oder dein Profil zum Beispiel nicht Coca-Cola nennen. Das gilt auch, wenn du eine leicht abgewandelte Version verwendest oder eine neue Schreibweise. Aus Samsung darfst du zum Beispiel nicht einfach Samsohn machen.

Impressumspflicht und Datenschutzerklärung

Wie Webseiten erfordern auch Social-Media-Profile ein Impressum, das innerhalb von zwei Klicks erreichbar sein muss. Mithilfe von Generatoren 🔗 **136.1** lässt es sich einfach und individuell erstellen. Manche Plattformen wie zum Beispiel Facebook bieten intern Möglichkeiten, ein Impressum zu verlinken. 🔗 **136.2**

Bei der Nutzung von Social Media müssen die Vorgaben der DSGVO beachtet

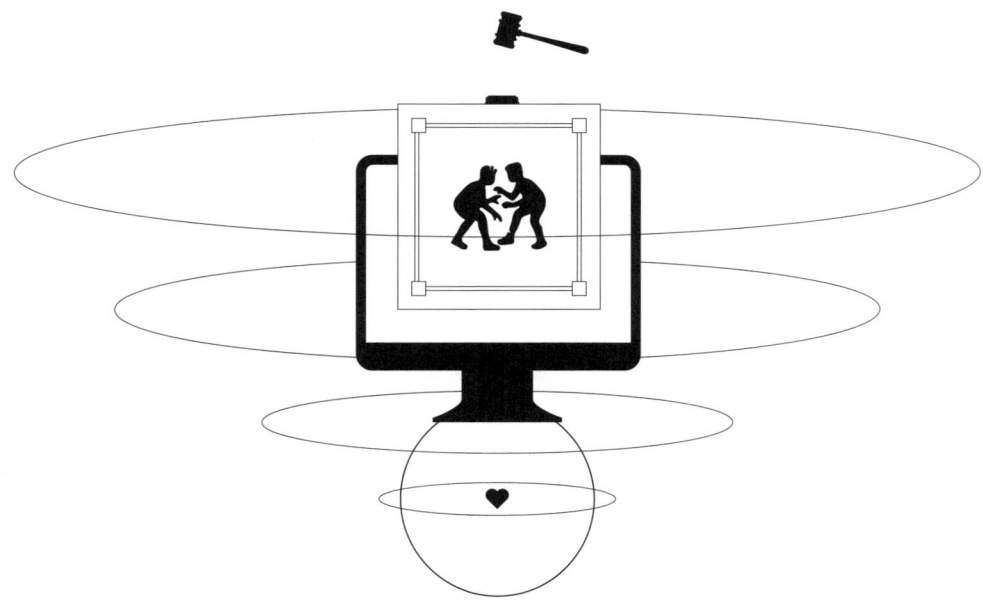

werden. Diese greift, sobald du personenbezogene Daten selbst verarbeitest oder verarbeiten lässt. Eine personalisierte Datenschutzerklärung kannst du dir zum Beispiel bei einem Datenschutzgenerator generieren. 🔗 **137.1**

Urheberrechte an Bildern und Videos
Wenn du Bilder oder Videos von anderen User:innen verwenden möchtest, frage sie am besten schriftlich um Erlaubnis. In deiner Anfrage solltest du schreiben, wofür du das Bild verwenden möchtest. Erwähne außerdem, dass du den Urheber oder die Urheberin nennen und verlinken wirst.

Eine Anfrage über eine persönliche Nachricht könnte zu Beispiel so lauten: »Hey, ich würde gerne dein gestern veröffentlichtes Bild (Link) auf meiner Webseite (Link) und meiner Facebook-Seite verwenden. Es passt super zu meinem Beitrag zum Thema xy. Natürlich würde ich dich als Urheber:in markieren. Würdest du der Nutzung zustimmen? Liebe Grüße«

Für Stockbilder solltest du dir die jeweiligen Lizenzbestimmungen vor jedem Einsatz durchlesen. Achte dabei auf den Umfang der Nutzung, ob du berechtigt bist, das Bild oder Video zu bearbeiten und ob es bestimmte Nutzungen gibt, die ausdrücklich nicht gewünscht sind. Beachte außerdem, ob Urheber:innen genannt werden müssen.

Auch über Google gefundene Bilder sind urheberrechtlich geschützt und dürfen nicht einfach verwendet werden.

Durch die Urheberrechtsreform sind seit Juni 2021 die Plattformen urheberrechtlich für die hochgeladenen Inhalte verantwortlich. Das bedeutet, dass soziale Netzwerke mit einem Upload-Filter Inhalte auf ihr Urheberrecht prüfen und im Zweifel ablehnen. Ausgenommen sind Videos und Songs bis zu 15 Sekunden, Texte mit bis zu 160 Zeichen und Bilder mit einer Dateigröße von bis zu 125 KByte im nicht kommerziellen Bereich. Außerdem legale Zitate oder Parodien.

Abbildungen von Personen
Wenn du deinen Content selbst erstellst, liegt das Urheberrecht natürlich bei dir. Aber auch da musst du aufpassen, dass du beim Fotografieren nicht gegen Persönlichkeitsrechte verstößt. Der sicherste Weg ist eine schriftliche Einwilligung zu der von dir geplanten Nutzung. Das kann zum Beispiel via Mail passieren, oder du bereitest zum Fotoshooting oder dem Videodreh einen Bildrechte-Abtretungsvertrag vor. Vorlagen dafür findest du im Netz. 🔗 **137.2**

Bei Kindern und Jugendlichen unter 18 Jahren brauchst du die Einverständniserklärung der Erziehungsberechtigten.

Die Persönlichkeitsrechte von fotografierten Menschen werden nicht verletzt, wenn es um öffentliche Veranstaltungen und Menschenansammlungen geht, wenn also die Personen nicht offensichtlich im Vordergrund stehen.

Aufnahmen fremder Sachen und Gebäude

Wenn du in fremden Gebäuden oder auf Privatgrundstücken fotografierst, gilt das Hausrecht, und du musst dir von der Eigentümerschaft eine Genehmigung einholen. Auch das gilt nicht, wenn das Gebäude nicht offensichtlich im Vordergrund steht.

Fremde Texte und Textzitate

Auch Zitate und Sinnsprüche sind urheberrechtlich geschützt. Unter dem Oberbegriff »Sprachwerke« schützt das Urheberrecht jede Schöpfung, die auf Worten oder Sprache basiert. Achte darüber hinaus auf Einschränkungen durch Rechteinhaber. Amazon beansprucht zum Beispiel alle Rechte an den Rezensionen seiner Kunden. Das heißt, Amazon-Rezensionen dürfen nie zitiert oder zu Werbezwecken genutzt werden.

Fremde Musik

Mit der (schriftlichen) Zustimmung der Rechteinhaber:innen darfst du fremde Musik verwenden. Manche Plattformen haben Absprachen mit der GEMA, durch die sie fremde Musik unter eigenen Bedingungen zur Verfügung stellen können, zum Beispiel beim Erstellen von TikToks oder Reels.

Für eine definierte Nutzung bieten YouTube und Facebook lizenzfreie Musik 🔗 **138.1** Du solltest dich dabei aber immer über den individuellen Nutzungsumfang informieren.

Werbehinweise

Besonders bei der Zusammenarbeit mit Influencer:innen sind Werbehinweise wichtig. Diese müssen bezahlte Posts, gestellte Produkte, Einladungen oder bezahlte Markennennungen kennzeichnen.

Für Mitarbeiter:innen, Testimonials oder Redaktionen gilt, dass in der Berichterstattung oder bei Markennennung die Verbindung zum Unternehmen deutlich sein muss.

Die Werbekennzeichnung muss mit eindeutigen Begriffen wie »Werbung« oder »Anzeige« benannt und prominent platziert sein.

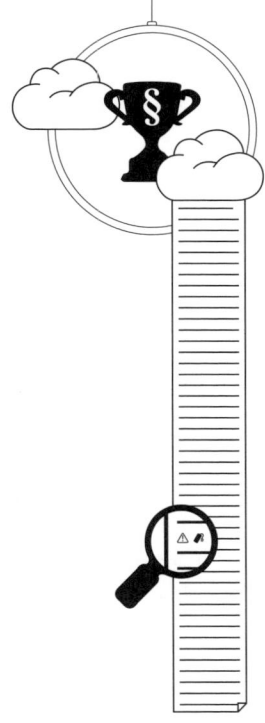

Plattform zu Plattform unterschiedlich geregelt. Prüfe also an erster Stelle die plattformspezifischen Anforderungen.

In deiner Gewinnspielbeschreibung sollten Beginn, Ende und Art der Auslosung genannt sein. Außerdem muss darauf hingewiesen werden, dass das Gewinnspiel in keinem Zusammenhang mit der jeweiligen Social-Media-Plattform steht. Es empfiehlt sich, eine vollständige Teilnahmebedingung zu verlinken. Außerdem solltest du einen Datenschutzhinweis beifügen, der dich berechtigt, Gewinnernamen und Gewinnbeiträge (z. B. Stories, Beiträge etc.) zu veröffentlichen.

💡 **Tipp:** Schau dir Gewinnspiele bekannter und großer Firmen oder von Influencer:innen an und vergleiche, wie sie es gemacht haben.

Hausrecht
Du, als Inhaber:in deines Accounts, kannst nach Hausrecht Beiträge löschen und Nutzer:innen blockieren. Du kannst gegen Beleidigungen und Hassrede aber auch außerhalb von Social Media vorgehen. In vielen Bundesländern gibt es sogenannte »Internetwachen«, bei denen Zeug:innen und Opfer online Anzeige erstatten können. 🔗 **139.1**

Business-Accounts oder Beiträge, in denen der geschäftliche Hintergrund offensichtlich zu erkennen ist, müssen ihren Content nicht extra kennzeichnen.

Gewinnspiele und Wettbewerbe
Gewinnspiele sind zwar marketingtechnisch sinnvoll, rechtlich aber ziemlich kompliziert und dazu noch von

Ideen

Was willst du posten? Dein Content sollte informativ und unterhaltend sein und Betrachter:innen einen Mehrwert bieten. Wecke Emotionen, und die Wahrscheinlichkeit, dass jemand mit dir interagiert, steigt enorm. Einfacher gesagt als getan, denkst du dir?

Immer locker bleiben. Deine Posts müssen nicht alle weltbewegend sein. **Stelle nicht den Anspruch an dich, den perfekten Post zu kreieren, sondern überlege dir für jeden Post eine kleine Botschaft** – selbst wenn du nur eine neue Farbvariante oder eine neue Funktion deines Produkts zeigst.

Natürlich können sich Botschaften auf lange Sicht auch wiederholen, schließlich steigt ja auch deine Followerzahl. Allerdings solltest du dann darauf achten, dass etwas Zeit zwischen dem aktuellen und dem alten Post liegt.

Grundsätzlich ist alles erlaubt, solange du deine Corporate Identity und vor allem deine Zielgruppe nicht vergisst. Wähle einen Sprachstil, mit dem du dich wohlfühlst und der angemessen für dich, deine Followerschaft, dein Produkt oder deine Dienstleistung ist. Welche Art von Bildern kannst du immer wieder posten? Welche Bilder kannst du einfach vorproduzieren? Welche Videos möchtest du posten, und wie kannst du sie anteasern? Wie kannst du dein Angebot am besten in Szene setzen, und wie erreichst du die Marketingziele, die du in **Übung 19** formuliert hast? Verinnerliche noch mal die Ergebnisse auf deinem Worksheet!

Mach dir Gedanken über die Gesamtwirkung deines Feeds und verzettele dich nicht in einzelnen Posts. Organisiere deine Ideen so, dass du deinen Feed regelmäßig und kontinuierlich mit neuem Content füllen kannst, um bei deinen Follower:innen präsent zu bleiben. **Prüfe dabei auch, ob dein Content realistisch umsetzbar ist.** Betrachte deine Ideen kritisch, die erste Idee ist oft nicht die beste. Hier kannst du völlig frei und kreativ sein; versuche, in viele unterschiedliche Richtungen zu denken. Je mehr du dir im Vorhinein überlegt hast, desto einfacher wird es dir später fallen, dranzubleiben.

💡 **Tipp:** Social-Media-Plattformen spielen Posts besser aus, wenn viel mit ihnen interagiert wird. Behalte das bei der Content-Erstellung im Hinterkopf.

Im Design Thinking setzt man **Krea- tivmethoden** ein, um neue Ideen zu entwickeln und um Probleme zu lösen. Klassische Methoden sind das **Mind Mapping, das Brainstorming und das Brainwriting.** Meistens werden die Methoden im Team angewandt. Der Austausch bei der Ideenfindung ist extrem hilfreich. Allein in einem Dialog entstehen oft gute Ideen. Ich empfehle dir deswegen unbedingt, Freund:innen, Familie und Bekannte zu bitten, dich in dieser Phase zu unterstützen.

Auf den Seiten 169 ff. kannst du einige Karten ausschneiden, die euch dabei anleiten. **Auf den schwarzen findest du Kreativmethoden und auf den weißen Karten ganz konkrete Con- tent-Vorschläge.**

Am allerwichtigsten ist jedoch, dass du deine Leidenschaft nicht verlierst. Du bietest deinem Angebot schließlich eine Bühne. In deinem Auftritt sollte genauso viel Energie stecken wie in deinem Angebot. Wird ein Account halbherzig geführt, kann der Eindruck entstehen, dass auch dein Angebot nicht die Qualität bietet, die du ver- sprichst.

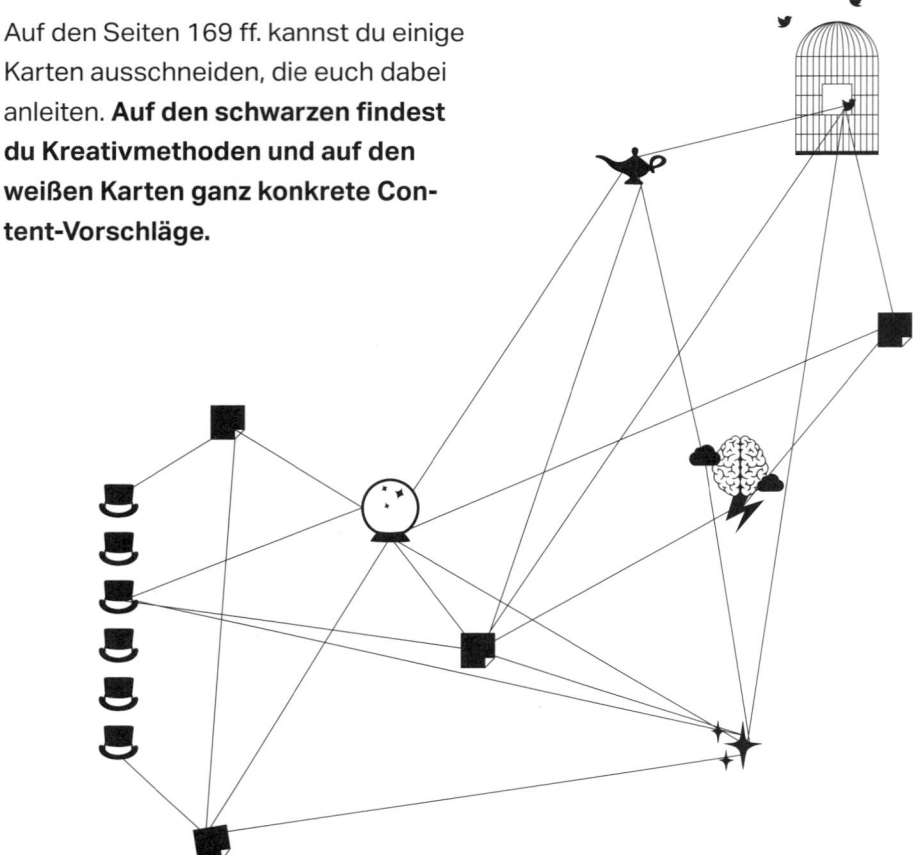

40

40
41
42
43

Nimm dir ein oder mehrere große Blätter Papier und schreibe alle Ideen, die dir oder euch einfallen, so konkret wie möglich auf. Nutze dabei die Kreativmethoden und lass dich von den Content-Karten inspirieren. Lass deiner Kreativität freien Lauf und gib jeder Idee eine Chance.

41

Stelle dir bei jedem Post vor, in welchem Szenario deine Persona deinen Post liest. Ist sie in der S-Bahn, im Restaurant oder im Bett? Wie reagiert sie? Was fühlt sie? Was denkt sie? Hat sie Lust, über deinen Post zu reden? Ihn zu teilen? Regt der Inhalt zum Nachdenken an oder zu einer Aktion?

42

Überprüfe

☐ *Hat die Idee einen guten Grund, erzählt zu werden?*

☐ *Fesselt die Idee?*

☐ *Löst die Idee Emotionen aus?*

☐ *Transportiert die Idee eine Botschaft?*

☐ *Kann sich deine Persona mit der Idee identifizieren?*

☐ *Ist die Idee wahr und glaubwürdig?*

☐ *Ist deine Idee überraschend oder merkwürdig?*

☐ *Ist deine Idee einfach und relevant?*

☐ *Lässt sich die Idee teilen?*

(Nicht auf jede Idee müssen alle Punkte zutreffen.)

43

*Werte deine Ergebnisse aus **Übung 40** aus. Streiche die Ideen, die (noch) nicht umsetzbar sind.
Gruppiere die übrigen Ideen jetzt danach, wann du sie angehen willst (zum Beispiel: Q2 2022). Beschreibe die Gruppen genau: Wie regelmäßig möchtest du den Content posten? Wie aufwendig ist die Erstellung? Auf welchen Kanälen soll welcher Content platziert werden?*

Redaktionsplan

In diesem Kapitel werden alle deine bisherigen Ergebnisse zusammengeführt und in konkrete Posts und Beiträge umgesetzt, die zu deiner Markenpersönlichkeit, Corporate Identity und Social-Media-Strategie passen – natürlich über die Social-Media-Kanäle, über die du deine Zielgruppen am besten erreichst. Schau dir ein weiteres Mal die Ergebnisse deiner Worksheets an und triff anhand dieser deine Marketingentscheidungen.

Noch mal zur Erinnerung: Dein Social-Media-Auftritt sollte individuell, glaubwürdig und relevant für deine Personas sein. Außerdem sollten deine Posts leicht verständlich, auf den Punkt gebracht und wiedererkennbar sein. Beantworte dir folgende Fragen: Erfüllt meine Arbeit ein bestimmtes Bedürfnis? Hat mein Angebot einen besonderen Nutzen für Käufer:innen? Ist meine Arbeit einzigartig? Ist der Beweggrund, warum ich tue, was ich tue, einzigartig und für meine Followerschaft von Bedeutung?

In **Übung 43** hast du unterschiedliche Content-Ideen erarbeitet. Diese sollen jetzt in einen Redaktionsplan eingepflegt werden, der dir dabei helfen soll, den Überblick nicht zu verlieren.

Ich nutze dafür das Whiteboard-Tool Miro, du kannst aber auch ein Excel-Sheet oder ganz analog Papier und Stift verwenden. 🔗 **144.1 Je detaillierter dein Plan ist, desto einfacher wird es in der Zukunft sein, regelmäßig etwas zu posten.** Orientiere dich an den Plattform-Profilen auf Seite 50 und an deiner Zielgruppe, wenn du entscheidest, wie oft und wann du idealerweise postest. Integriere den Prozess in deinen Tagesablauf. Poste zum Beispiel immer nach dem Mittagessen oder im Zug auf dem Heimweg. Dabei musst du deine eigene Routine finden. Fakt ist: Je besser die Posts vorbereitet sind, desto leichter wird es dir fallen, sie zu veröffentlichen.

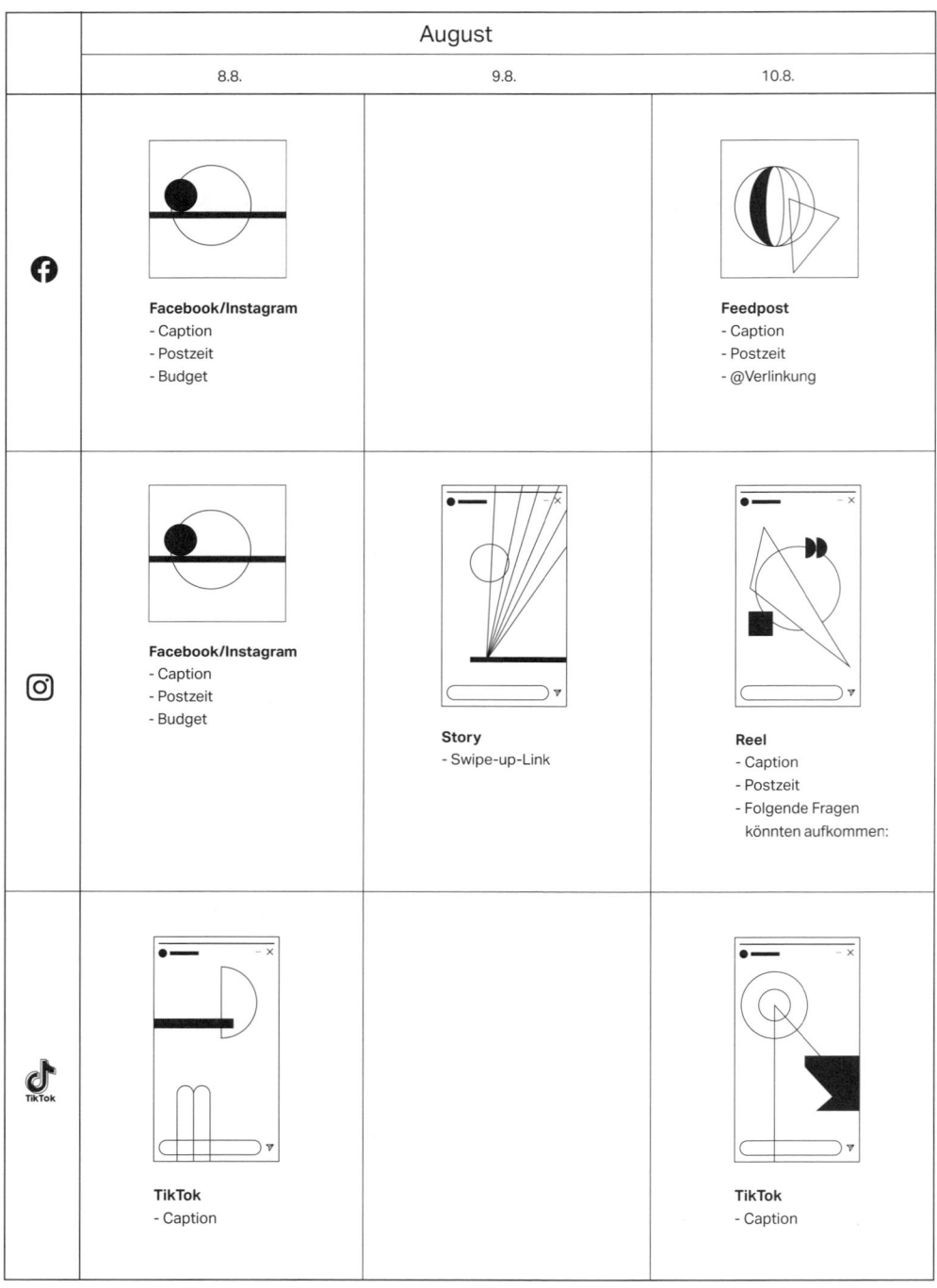

Redaktionsplan, schematisch dargestellt

44

Überarbeite mit dem Erstellen deines Redaktionsplans noch mal deine KPIs. Jetzt, da du konkreten Content hast, lässt sich besser abschätzen, welche Zahlen interessant für dich sind.

44

45

45

Erstelle deinen Redaktionsplan für die nächsten drei Monate für die für dich relevanten Netzwerke. Beantworte dabei folgende Fragen:

☐ *Welche Inhalte werden gepostet?*

☐ *Welche Inhalte willst du über welche Plattform verbreiten?*

☐ *Wann postest du?*

☐ *Wann produzierst du Content?*

☐ *Mit wem produzierst du? Wann haben Mitwirkende Zeit?*

☐ *Wann beantwortest du Nachrichten und Kommentare?*

☐ *Wann interagierst du proaktiv mit User:innen?*

☐ *Wann erfasst du deine Zahlen und Performance-KPIs?*

 Tipp: Produziere Content vor und erstelle dir mit der Zeit auch Material, auf das zu zurückgreifen kannst, wenn du in stressigeren Phasen keine Zeit für die Content-Produktion hast.

Du kannst deine Posts auch im Voraus planen, sodass sie zu einem bestimmten Zeitpunkt automatisch veröffentlicht werden. Das geht zum Beispiel über Facebook Creator Studio, Tweetdeck oder Later. 🔗 **147.1** Beachte dabei aber, nur dann zu posten, wenn du ohne großen Zeitverzug auf Fragen und Kommentare antworten kannst. Für das Wochenende oder den Urlaub solltest du lieber keine kontroversen Posts planen, die unangenehme Diskussionen zur Folge haben könnten.

Versuche, dir die Arbeit so einfach wie möglich zu gestalten. Bereite Vorlagen vor, die du immer wieder verwenden kannst: zum Beispiel Masken oder selbst erstellte Filter.

Profil anlegen

Und los! Falls du noch keinen Account
hast, **melde dich jetzt bei den für dich
relevanten Plattformen an.** Suche ein
passendes Profilbild, vielleicht dein
Logo oder einen Avatar, ein Foto von
deinem Produkt oder dir selbst und
fülle die erfragten Daten so vollständig
wie möglich aus. Dazu gehört meistens auch eine kurze Beschreibung.
Vielleicht hast du eine Website, auf
die du verlinken kannst. Wenn du auf
mehreren Social-Media-Plattformen
präsent sein wirst, verlinke jeweils auf
die anderen Accounts.

Erstelle je nach Plattform eine
**Unternehmensseite oder einen
Business-Account.**

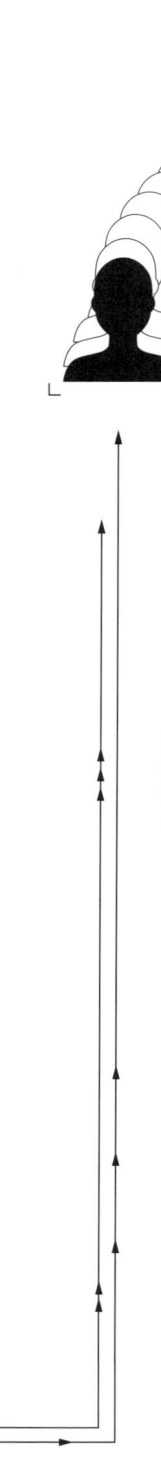

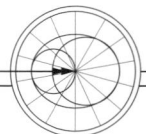

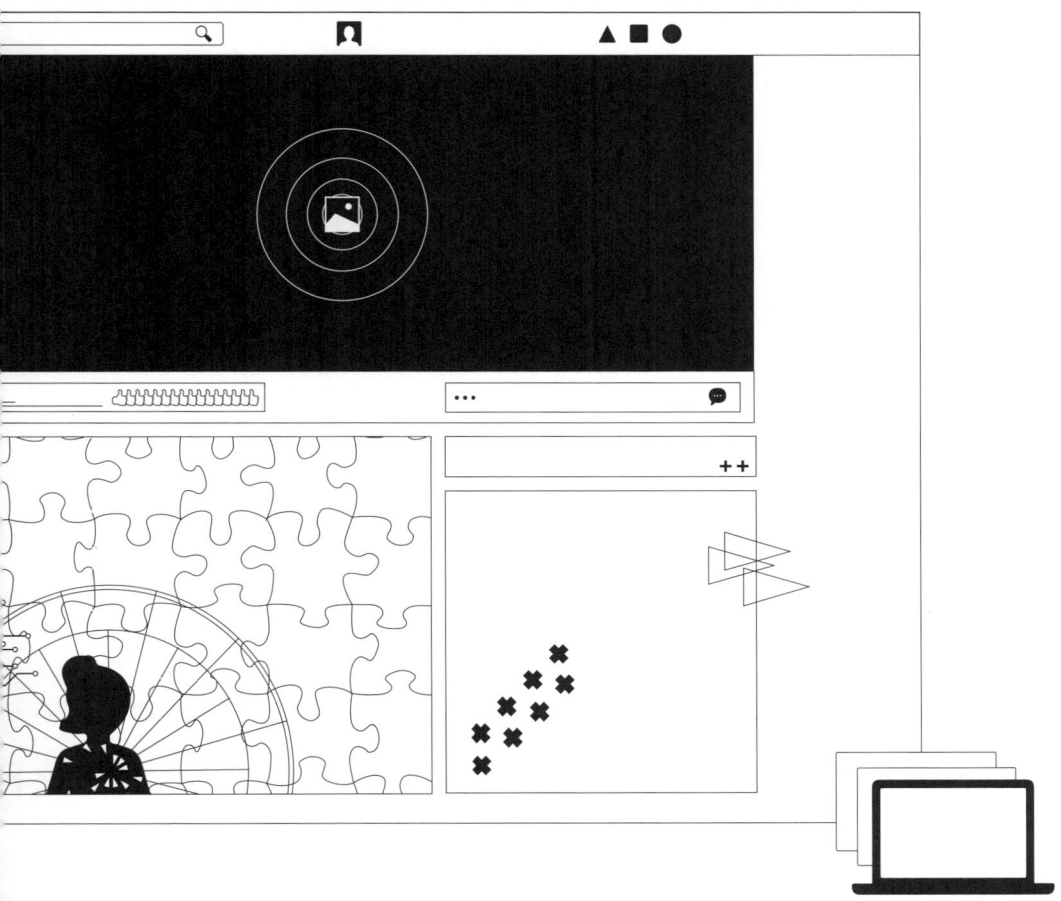

Nutze deine Reichweite im realen
Leben und erzähle jedem, dass du ab
jetzt auf Social Media unterwegs bist.
Bitte deinen Freundeskreis und deine
Kontakte, dass sie dir folgen und dass
sie, wenn sie in sozialen Netzwerken
unterwegs sind, andere auf deinen
Account aufmerksam machen. Nach
dem Telefonkettenprinzip erreichst
du jetzt schon eine große Zahl an
Menschen, die dich dabei unterstützen,
deine Reichweite zu steigern.

Posten

Das Posten selbst geht im Grunde ganz easy. Du hast deine Inhalte in den vorherigen Kapiteln ja gut vorbereitet. Füge alle notwendigen Elemente zusammen, seien es Bilder, Videos oder Texte – und halte dich an deinen Redaktionsplan! **Bleib neugierig und flexibel und höre deiner Community zu.**

💡 **Tipp:** Überprüfe sowohl Text als auch Content noch ein letztes Mal auf Vollständigkeit, Rechtschreibung und inhaltliche Fehler.

Sind andere Personen in den Post involviert, verlinke sie. Verweist dein Post auf jemand anderen, verlinke auf dessen Account. **Versuche, so viel wie möglich mit anderen User:innen zu interagieren,** um auf dich und dein Produkt oder auf deine Dienstleistung aufmerksam zu machen.

Bring die Beschreibung in den ersten zwei Zeilen auf den Punkt. Mit Hashtags kannst du auf manchen Plattformen die Aufmerksamkeit durch bestimmte Begriffe auf dich ziehen. Benutze sie! Google, welche Hashtags zu deinem Post passen. 🔗 **150.1**

Anfangs wirst du wahrscheinlich relativ schnell eine bestimmte Zahl von Follower:innen erreichen, aber dann ist es nicht untypisch, dass deren Anzahl stagniert. **Gib nicht auf und vertraue auf deine Strategie.** Veröffentliche

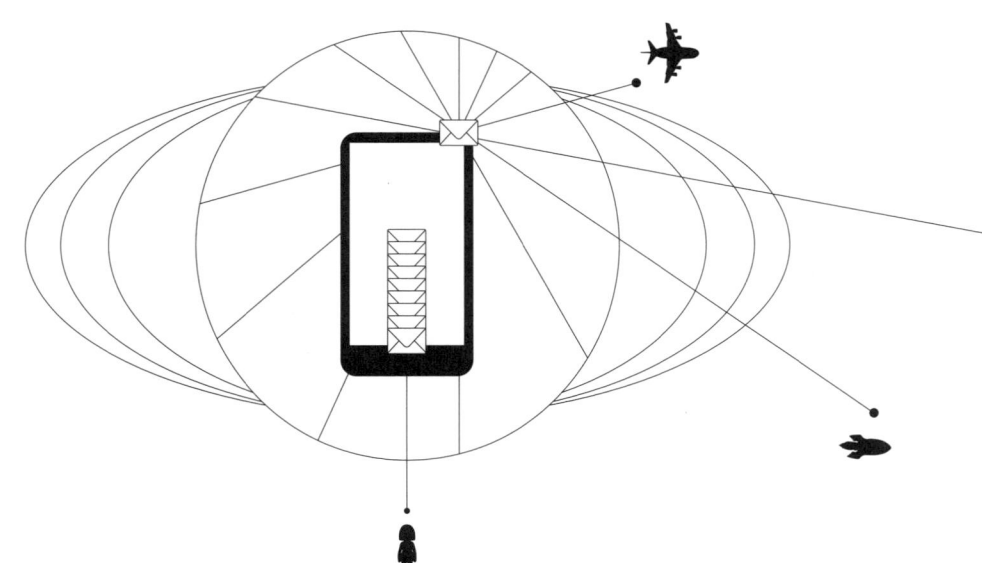

zwischendurch immer wieder Stories und frage offen nach Meinungen und bitte um Feedback.

Bitte Kund:innen, die du gut kennst, selbst Posts zu veröffentlichen, in denen sie dich verlinken. Du kannst dir auch eine kleine Gegenleistung überlegen, vielleicht einen Rabatt oder Ähnliches, wenn jemand online für dich wirbt.

Von Anfang an solltest du dir unbedingt auch Gedanken über deine Privatsphäre machen. Achte darauf, keine Adressen, Autokennzeichen oder andere private Informationen preiszugeben. Das gilt natürlich auch, wenn andere Menschen auf deinen

Posts zu erkennen sind. Frage sie vorab, ob sie damit einverstanden sind, dass ein Bild oder Video, in dem sie zu sehen sind, veröffentlicht wird.

Es gibt einige Menschen im Internet, die dir nichts Gutes wollen, **sei wachsam und lass dich nicht hereinlegen, provozieren oder für die Ziele anderer missbrauchen.** Betrachte Accounts, vor allem die, die etwas von dir wollen, kritisch. Und wenn dir etwas komisch vorkommt, solltest du auf dein Bauchgefühl hören und auf Abstand zu diesem Account bleiben. Werden Nutzer:innen zu penetrant oder dein ungutes Gefühl nimmt zu, kannst du solche Personen auf jeder Plattform melden und blockieren.

sechs: Dranbleiben

Das ist der wichtigste, aber auch der schwierigste Schritt
zum Erfolg: Social Media lebt von deiner Aktivität.

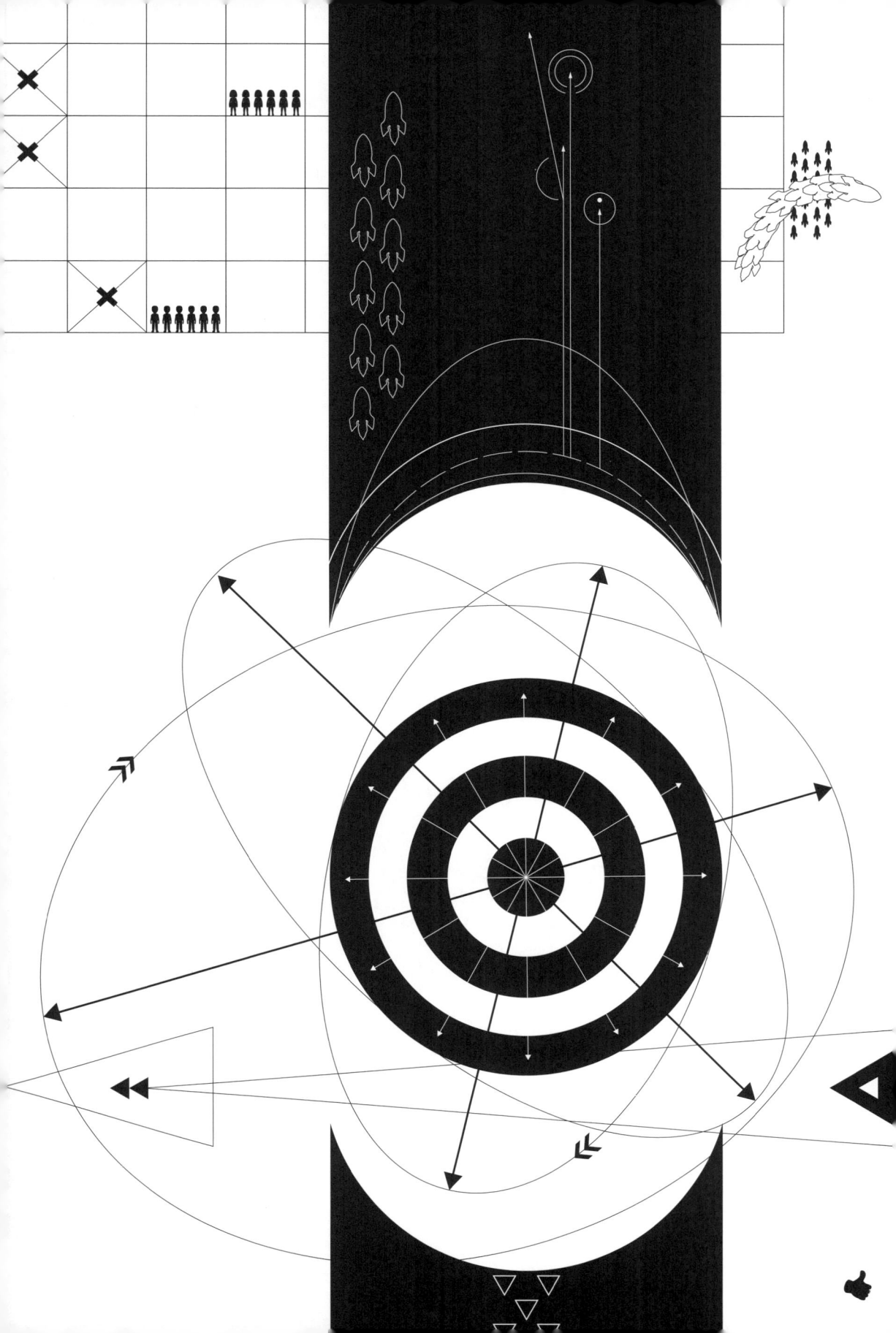

Analytics

Wie in den vorherigen Kapiteln schon
beschrieben, erhältst du viele Insights
über die Business-Accounts der jeweiligen Plattformen.

Es gibt aber auch unterschiedliche
Programme, die solche Insights noch
übersichtlicher und über einen länge-
ren Zeitraum erfassen und aufbereiten.
Diese Dienste bieten zum Beispiel Later,
Falcon, Hootsuite und Brand24.
🔗 **154.1**

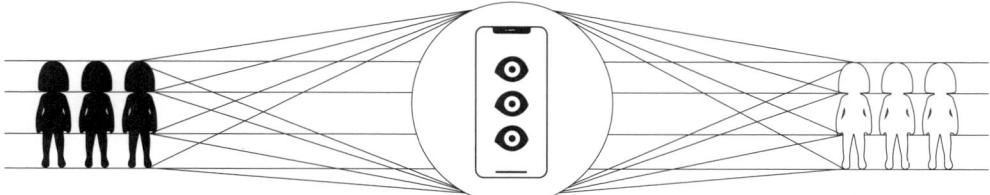

Jetzt kommen deine KPIs wieder ins Spiel. In **Übung 19** hast du angefangen, deine Zahlen in einem Google-Sheet zu erfassen, um fundierte Marketingentscheidungen treffen zu können.

Das könnte zum Beispiel so aussehen: Deine KPI sagt, dass bis zum Ende des Quartals Behind-the-Scenes-Posts auf Instagram durchschnittlich 15 Interaktionen erzielen sollen. Deine aktuellen Zahlen sagen dir, dass die durchschnittliche Interaktionsrate des letzten Monats bei 8 Interaktionen liegt. Jetzt kannst du dir überlegen, wie du deine Strategie anpasst. Du könntest deiner Bildbeschreibung zum Beispiel eine Frage hinzufügen oder mit deinem Content direkt zur Interaktion aufrufen.

Wenn du dein KPI-Sheet gut pflegst und optimierst, steht es dir als stetiger »Ratgeber« zur Verfügung.

Über **Gespräche, schriftliches Feedback und Interviews** bekommst du zusätzliche qualitative Insights von deinen Kund:innen. Durch Sammeln, Organisieren und Auswerten kannst du konkret auf relevante Punkte eingehen. Falls du dir unsicher bist, was relevant ist und was nicht, lies dir noch mal den Abschnitt »Selbsteinschätzung« auf Seite 62 durch.

Zur Erinnerung: Mit diesen neuen Informationen kannst du auch deine Persona **(Übung 14)** immer wieder überarbeiten, um deinen Content weiter zu optimieren. **Lass es zu, dass die Community ein Teil deiner Marke wird**, denn so wirst du ihre Loyalität bekommen und deine Marke immer stärker weiterentwickeln.

Kosten

Für dein Social Media Marketing kannst du zum Beispiel Geld für **Planungs- und Analysetools, Rechtsprüfungen, Grafikdesigner:innen, bezahlte Partnerschaften und bezahlte Werbung ausgeben.**

Man kann keine generell gültigen Aussagen über angemessene Social-Media-Marketing-Budgets treffen. Jeder muss hier selbst ihre oder seine Ressourcen und Prioritäten einschätzen. Es ist auch branchenabhängig, wie viel insgesamt ins Marketing investiert wird, gemessen am Umsatz sind das häufig zwischen 1 und 15 %, meistens 3 bis 5 %.

Aber wenn du Geld investierst, lohnt es sich, genau zu überprüfen, **welchen Nutzen das Investment für dich hat** und ob es das wert ist.

Viele Marken nehmen **Personen mit hoher Reichweite, Einfluss und Ansehen (Influencer:innen)** in die Markenkommunikation mit auf. Passende Partnerschaften kannst du über Marketingagenturen finden, oder du schreibst sie ganz unkompliziert über das soziale Netzwerk an.

Die Art der Zusammenarbeit kann unterschiedlich aussehen. Influencer:innen können dein Produkt in Posts, Stories oder Reels platzieren, benutzen oder erklären. Du kannst ihnen hierfür eine Vergütung pro Neukund:in anbieten, oder ihr könnt gemeinsame Verlosungs- oder Geschenkaktionen planen, um nur ein paar Möglichkeiten zu nennen. Dabei sind nicht immer diejenigen mit den meisten Follower:innen interessant, sondern, wie groß deren Einfluss auf die jeweilige Zielgruppe ist. Das Wichtigste bei der Auswahl von Influencer:innen ist aber, **dass sie zu deiner Brand passen** und dich auf Social Media authentisch repräsentieren können!

Hinweis: Influencer:innen sind kein neues Phänomen mehr, und die meisten sind sich ihres Werts bewusst. Bei Kooperationen solltest du deinem Gegenüber immer auf Augenhöhe begegnen. Wahl- und planlos Kostproben oder Testprodukte zu verschicken, erzielt selten den gewünschten Erfolg. Überleg dir im Vorfeld genau, was du von der Person möchtest und was du ihr dafür anbieten kannst.

Paid Ads, also bezahlte Werbung, ist auf Social-Media-Plattformen sehr verbreitet. Die gesponserten Beiträge werden anhand der vielen gesammelten Daten für deine **individuelle**

Zielgruppe ausgespielt und haben
damit einen hohen Impact.

Bei bezahlter Werbung solltest du beachten, dass du damit viele Menschen
auf deine Kanäle locken kannst, diese dann aber natürlich auf Dauer mit
qualitativ hochwertigem Content halten
musst. Paid Media sollte also im Zu-
sammenspiel mit einem professionell
geführten Profil stattfinden.

Das Thema bezahlte Werbung ist sehr
komplex, und es bräuchte mehr als ein
Kapitel, um die Strategie dahin gehend
zu erweitern. Wenn dich Paid Ads aber
interessieren, kannst du dich hier weiter
informieren. 🔗 **157.1**

💡 **Tipp:** Geld für Werbung auf Social
Media auszugeben, lohnt sich erst,
wenn dein Content interessant genug
ist, User:innen anzusprechen, die
über Paid Ads auf deinen Account
oder deine Website geleitet werden.

Aktiv sein

Wie bereits erwähnt, musst du in den sozialen Medien präsent sein, wenn du auf dich aufmerksam machen möchtest. Mit deinen Posts erscheinst du bei all denen auf der Startseite, die dir folgen. Wenn du neue Follower:innen generieren willst, solltest du mit ihnen interagieren. **Jede Interaktion sagt anderen Nutzer:innen »Hallo, hier bin ich!«.**

Schau dir noch mal deine Zielgruppe an und überlege dir, wo und wie du sie erreichen kannst. Um mit Personen aus deiner Zielgruppe in Kontakt zu kommen, kannst du zum Beispiel der Followerschaft deiner Partner:innen folgen. Oder dem Bekanntenkreis von Kund:innen. Oder dem Café, das deine Personas gerne besuchen. **Sei kreativ: Sich auf Social Media zu vernetzen, ist nicht sonderlich schwer.**

Nutze die Möglichkeiten der Social-Media-Plattformen, um mit deinen Follower:innen zu kommunizieren. Über Umfragen und Stimmungsbilder erhältst du Rückmeldungen zu deinem Produkt oder Angebot. Verwende Hashtags und Ortstags und reposte Stories, in denen du markiert bist.

Du kannst deinen Follower:innen über Social Media auch besondere Angebote, und Rabattaktionen und exklusive Deals anbieten oder zusätzliche Informationen zu einem Produkt geben. Oder du kannst die digitale und die reale Welt verbinden und Influencer:innen und Meinungsführer:innen einladen, dein Produkt zu testen, oder ihnen einen Blick hinter die Kulissen ermöglichen.

Grundsätzlich gibt es sechs Formen, wie Nutzer:innen auf deinen Content reagieren können: ausführliche Kommentare, kurze Kommentare, das Teilen eines Posts, Likes, Klicks und Views. **Je mehr Zeit sich jemand nimmt, um mit dir zu interagieren, umso besser.** Nimm dir ebenfalls die Zeit, entsprechend zu antworten. Denke an den Abschnitt »Verhalten« (siehe Seite 130) und gehe eine freundschaftliche Beziehung mit deiner Followerschaft ein.

Sei ruhig proaktiv und besuche andere Accounts. Kommentiere unter Posts und vertritt deine Meinung in unternehmensrelevanten Debatten. Auch über andere Kanäle kannst du die Aufmerksamkeit auf deinen Account lenken. Das sollte allerdings nicht penetrant wirken. Offensichtlich werbliche Kommentare wie »Schau dir mal meinen Account an!« kommen nicht so gut an.

Beziehungen aufzubauen, braucht Zeit. So ist es auch online. Sei also nicht zu ungeduldig. Genauso wie sich deine Reichweite langsam aufbauen wird, wirst du auch immer besser werden, und deine Posts werden hochwertiger. Das wiederum wird neue Follower:innen generieren, und du kannst weiter versuchen, die Qualität deiner Posts zu steigern. Dokumentiere das Feedback, das du bekommst, und gleiche es immer wieder mit deinen Unternehmenszielen ab.

Wenn du auf ein (technisches) Problem stößt und allein nicht weiterkommst, google nach Lösungen. Das Internet ist voll von Tipps und Erfahrungsberichten. Es gibt zum Beispiel auch Facebook-Gruppen, in denen man sehr hilfsbereite Kolleg:innen findet, mit denen man sich zu konkreten Fragen austauschen kann.

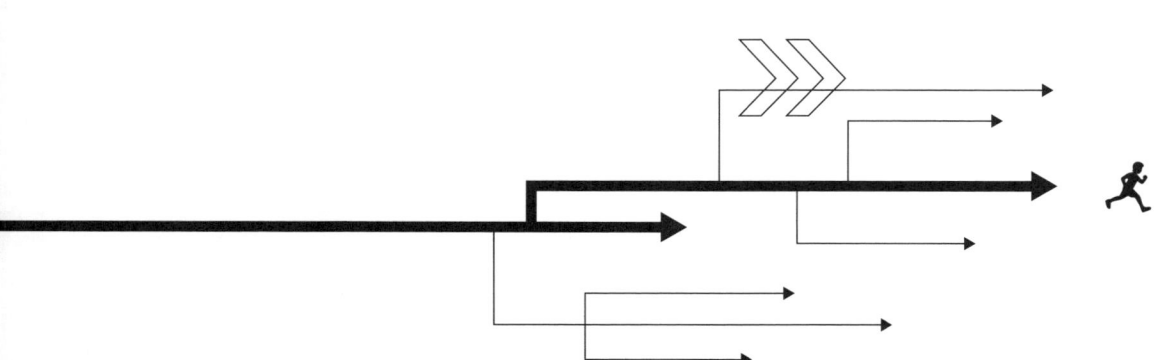

To do

Backlock	Next Task	In Progress	Done
High Priority			
Fotografieren - Produkt B	Posts planen (Produkt A)	Bildbearbeitung - Produkt A	Fotografieren - Produkt A
We are hiring - Post			
Low Priority			
Behind the Scene - Post	Story Produkt A		

≡ ⊡ ⎯⎯⎯

＋ ⎯⎯⎯

S	M	D	M	D	F	S
27	28	29	30	1	2	3
4	5	6	7	8	9	10
11	12	**13**	14	15	16	17
18	19	20	21	22	23	24
25	26	27	28	29	30	31
1	2	3	4	5	6	7

MI
14

8:00 — Social-Media-Interaktion | Social-Media-Interaktion | Social-Media-Interaktion
9:00 — Fotografieren - Produktgruppe A
10:00
11:00 — Instagram- & Facebook -Posts planen
12:00
13:00 — Bildbearbeitung
14:00
15:00 — Bildauswahl
16:00
17:00
18:00
19:00
20:00
21:00

To-do-Liste und Kalender, schematisch dargestellt

Um dir das Arbeiten zu erleichtern, **nutze die Planungstools,** die du im Abschnitt »Redaktionsplan« (siehe Seite 144) kennengelernt hast. Sie werden dir die Planung und Vorbereitung von Posts erleichtern. **Pflege einen Kalender** mit all deinen Terminen und blocke Zeiten für die Social-Media-Interaktion. **Strukturiere deine To-dos**, um unter Stress nichts zu vergessen und um zu vermeiden, dass du dich verzettelst. Plane dir auch bewusst Smartphone-freie Zeiten ein. Und hey – den Spaß natürlich nicht verlieren! ;)

Jetzt hast du das Buch fast durchgearbeitet, cool! **Ich empfehle dir, dich weiterhin über Social Media zu informieren, um auf dem Laufenden zu sein,** welche Plattformen entstehen und welche Trends und Challenges gerade angesagt sind. Gute Adressen dafür sind: Futurebiz, socialmediatoday, t3n, AllFacebook, SocialHub Blog und UPLOAD Magazin. 🔗 **161.1** Außerdem die Podcasts *Baby got Business, Go For It! Dein Online-Business-Podcast* und der *Savvy Social Podcast*. 🔗 **161.2**

Es wird bestimmt einen Punkt geben, an dem du frustriert sein wirst oder keine Lust mehr hast. **Lies dir dann noch mal deine langfristigen Ziele durch und versuche dranzubleiben.**

Index

Reminder

Alle **Links** 🔗 zum Buch und die
zugehörigen **Worksheets** ▦
findest du zum Download unter
www.socialmediaworkbook.de
und unter *https://oreilly.de/produkt/
social-media-workbook/* unter der
Rubrik *Zusatzmaterial*.

Linkliste

20.1 https://www.omt.de/online-marketing/messenger-marketing-alles-was-du-wissen-musst/

27.1 https://www.inventivo.de/blog/social-media/facebook-bild-groessen-infografik

27.2 https://www.facebook.com/help/

27.3 https://www.e-recht24.de/artikel/facebook/6896-facebook-impressum-generator.html

28.1 https://www.facebook.com/HelloFresh.de

https://www.facebook.com/events/259492118470070

https://www.facebook.com/xouxouberlin/shop/

30.1 https://blog.hootsuite.com/de/facebook-werbung-fuer-einsteiger/

33.1 https://www.adobe.com/de/express/discover/sizes/instagram

33.2 https://later.com

33.3 https://www.instagram.com/snipes/

33.4 https://www.instagram.com/mymuesli/

https://www.instagram.com/amorelie/

https://www.instagram.com/bloomandwild_dach/

https://www.instagram.com/habibi.you.know/

34.1 https://blog.hubspot.de/marketing/tik-tok

35.1 https://www.tiktok.com/@aldinord?

https://www.tiktok.com/@justspices?

https://www.tiktok.com/@derjurist?

https://www.tiktok.com/@omochiicecream?

37.1 https://influencermarketinghub.com/twitter-image-size/

37.2 https://tweetdeck.twitter.com

37.3 https://twitter.com/BVG_Kampagne

https://twitter.com/DB_Cargo

https://twitter.com/n26

https://twitter.com/mfnberlin

https://twitter.com/SZ

https://twitter.com/ZDF

https://twitter.com/derspiegel

39.1 https://www.linkedin.com/help/linkedin/answer/70781/image-specifications-for-your-linkedin-pages-and-career-pages?lang=de

39.2 https://www.linkedin.com/in/lea-sophie-cramer/

https://www.linkedin.com/in/frank-thelen/

https://www.linkedin.com/company/ikea/

40.1 https://business.pinterest.com/de/how-to-make-pins/

41.1 https://help.pinterest.com/de/business/article/rich-pins.

41.2 https://help.pinterest.com/en/business/article/pinterest-product-specs

41.3 https://www.pinterest.de/hellofreshde/_created/

https://www.pinterest.de/weekdaystores/_created/

https://www.pinterest.de/madedotcom/_created/

https://www.pinterest.de/bauhausinfo/_created/

https://www.pinterest.de/Maybelline/_created/

43.1   https://sproutsocial.com/insights/social-media-video-specs-guide/#youtube

44.1   https://www.youtube.com/c/creatorinsider

45.1   https://www.youtube.com/user/BLACKROLLcom/videos

https://www.youtube.com/channel/UCfhGfgBKDcFI74bBJ9yjLDQ

https://www.youtube.com/user/Hornbach

https://www.youtube.com/c/technikerkrankenkasse/videos

46.1   https://artists.spotify.com/help

47.1   https://open.spotify.com/show/283qVgReCeBf6VWllxGV8k?si=TWw9I06GRky6DcsNlPlqMw

https://open.spotify.com/show/2x6cZbua3rgjEkElsHjPXV?si=9A8ZgmTnQ9uLFW87ey0L6w

https://open.spotify.com/show/3QprRQ9UPuEjng12YHSfl4?si=QUAq2tZtR92xj7QwTsiPuQ

https://open.spotify.com/show/767sT897FFM78QhlJYvZVQ?si=hN0WxzO5QsqSj16lBtv-7w

https://open.spotify.com/show/1uun4cNVv0UlJzF4E5nZro?si=yXdvphBVQQerXNlaF4FvVw

https://open.spotify.com/show/45fKKFkaWiyUhOQMcMJ3ef?si=hprWh4bBRw23Ktho2pgMzw

https://open.spotify.com/show/4ii7YHR5Q7t7gbqFgv5Fpe?si=cPbte96sTuq9TH3rpGVhFQ

https://open.spotify.com/show/2hY0mWWOOaFoMNypm1Qiun?si=9mcfVCvzQ2Cm3sjg92iVzA

https://open.spotify.com/show/35f9tqxqjfWsqh2y70rBAF?si=TiwOw8fMSIGZ8yHVSJpc2g

https://open.spotify.com/show/5AYHyvlA4Qri70Jm0HLe7z?si=R8xhPZpDRGqP-yMhOKatkg

https://open.spotify.com/user/w2p1oq867ns7jele6g3lw66fk?si=SUqlv4dvSmm2HtmZRl9Qag

48.1   https://www.jimdo.com

https://www.shopify.de

https://www.wix.com

48.2   https://wordpress.com/de/

48.3   https://www.youtube.com/watch?v=utryvRRJc6c

66.1   https://www.club-mate.de

66.2   https://www.air-up.com/collections/bottles

66.3   https://pureganic.de

76.1   https://www.nngroup.com/articles/journey-mapping-101/

https://www.nngroup.com/articles/customer-journey-mapping/

https://www.omt.de/lexikon/user
-journey/

82.1 https://www.google.com/sheets/
about/

89.1 dasauge.de
fiverr.com
99designs.de
89.2 canva.com
logaster.de
logomaster.ai
89.3 https://www.bi-me.de/
zeichen-und-grafik/

91.1 https://namechk.com
knowem.com

96.1 kaboompics.com
khroma.co
96.2 https://www.instagram.com/
nivea_de/
https://www.instagram.com/
blackroll/
https://www.instagram.com/
obi_baumarkt_/
https://www.instagram.com/
depot_online/
https://www.instagram.com/uber/

98.1 https://www.canva.com/de_de/
https://apps.apple.com/de/app/can
va-design-foto-video/id897446215
https://apps.apple.com/de/app/
story-editor-maker-temply/
id1538145481
https://www.mojo-app.com
https://apps.apple.com/app/

godaddy-studio-graphic
-design-maker/id535811906

100.1 fonts.google.com
dafont.com

111.1 https://www.amazon.de/
Medienkompetenz-Kursbaustein
-Kommunikation-Dominik-Pietzcker/
dp/3589239271
https://dpunkt.de/produkt/texten
-fuers-web-planen-schreiben-multi
medial-erzaehlen/

114.1 https://www.instagram.com/leibniz_de/

116.1 pixabay.com
pexels.com
unsplash.com
116.2 https://apps.apple.com/de/app/can
va-design-foto-video/id897446215
https://apps.apple.com/at/app/feeds
-feed-post-layout/id1553607277
https://apps.apple.com/gh/app/clay
-logo-story-for-insta/id1469553582

117.1 https://www.bi-me.de/
digitale-fotografie/

132.1 https://hateaid.org

136.1 https://datenschutz-generator.de/
impressum
136.2 https://www.facebook.com/help/
www/342430852516247?help
ref=platform_switcher

137.1 http://datenschutz-generator.de
generieren

137.2 *https://www.eckert-schulen.de/ uploads/media/Einverstaendniser klaerung_Rechte_Wort___Bild.pdf*

138.1 *https://support.google.com/you tube/answer/3376882?hl=de*

https://business.facebook.com/ creatorstudio/?tab=ct_sound_ collection&collection_id=all_pages

139.1 *https://www.bka.de/DE/Kontakt Aufnehmen/Onlinewachen/online wachen_node.html*

144.1 *https://miro.com/index/*

147.1 *https://business.facebook.com/ creatorstudio/home*

https://tweetdeck.twitter.com

https://later.com

https://buffer.com

150.1 *https://www.tagsfinder.com/de-de/*

154.1 *https://later.com*

https://www.falcon.io

https://www.hootsuite.com/de/

https://brand24.com

157.1 *https://blog.hootsuite.com/de/ facebook-werbung-fuer-einsteiger/*

https://blog.hootsuite.com/de/ instagram-ads-anleitung/

https://business.instagram.com/ advertising?locale=de_DE

https://www.facebook.com/ business/ads-guide

https://business.twitter.com/de/

help/troubleshooting/how-twitter -ads-work.html

https://www.tiktok.com/business/ de/apps/tiktok

https://business.linkedin.com/de -de/marketing-solutions/ads

https://www.youtube.com/intl/de/ ads/

https://ads.pinterest.com/advertiser /549762841502/?ad_status= active&duration=7

161.1 *https://www.futurebiz.de/artikel/ category/social-media/*

https://www.socialmediatoday.com

https://t3n.de/tag/social-media/

https://allfacebook.de/

https://blog.socialhub.io/

https://upload-magazin.de/

161.2 *https://open.spotify.com/ show/6Eskd4xINVTZyAs0G sQnTw?si=GLSSRWzTR0Oa dAidiONkng*

https://open.spotify.com/show/1zu AUEOb7UUrVjseSlHJqr?si=PHdwB 6DpSNaT24dG5S46gQ

https://open.spotify.com/ show/3nZyYNq0fUCKE0khZhk2jz?si =BiFpSnRkTZ-4CtVnUd4sVg

100 Ideen

01 Nimm dir ein leeres Blatt und schreibe das Thema, zu dem du Ideen sammeln willst, als Überschrift auf.

02 Nummeriere die Zeilen von 1–100.

03 Schalte Ablenkungen wie Handy und Fernseher aus.

04 Schreibe jetzt 100 Ideen auf, die dir spontan einfallen. Doppelte Einträge oder ungenaue Formulierungen sind ok.

Kreativmethode //

Galeriemethode

01 Zu Beginn der Kreativsession stellt ein Moderator oder eine Moderatorin das Problem vor.

02 Die Teilnehmer:innen entwerfen und skizzieren eine Lösung.

03 Die einzelnen Vorschläge werden wie in einer *Galerie* aufgehängt und gemeinsam diskutiert.

04 Im Anschluss an die Diskussion werden die Ideen von den Teilnehmer:innen neu bewertet und optimiert.

05 Abschließend werden die Ideen noch mal aufgehängt und besprochen. Eine Idee wird ausgewählt.

Kreativmethode //

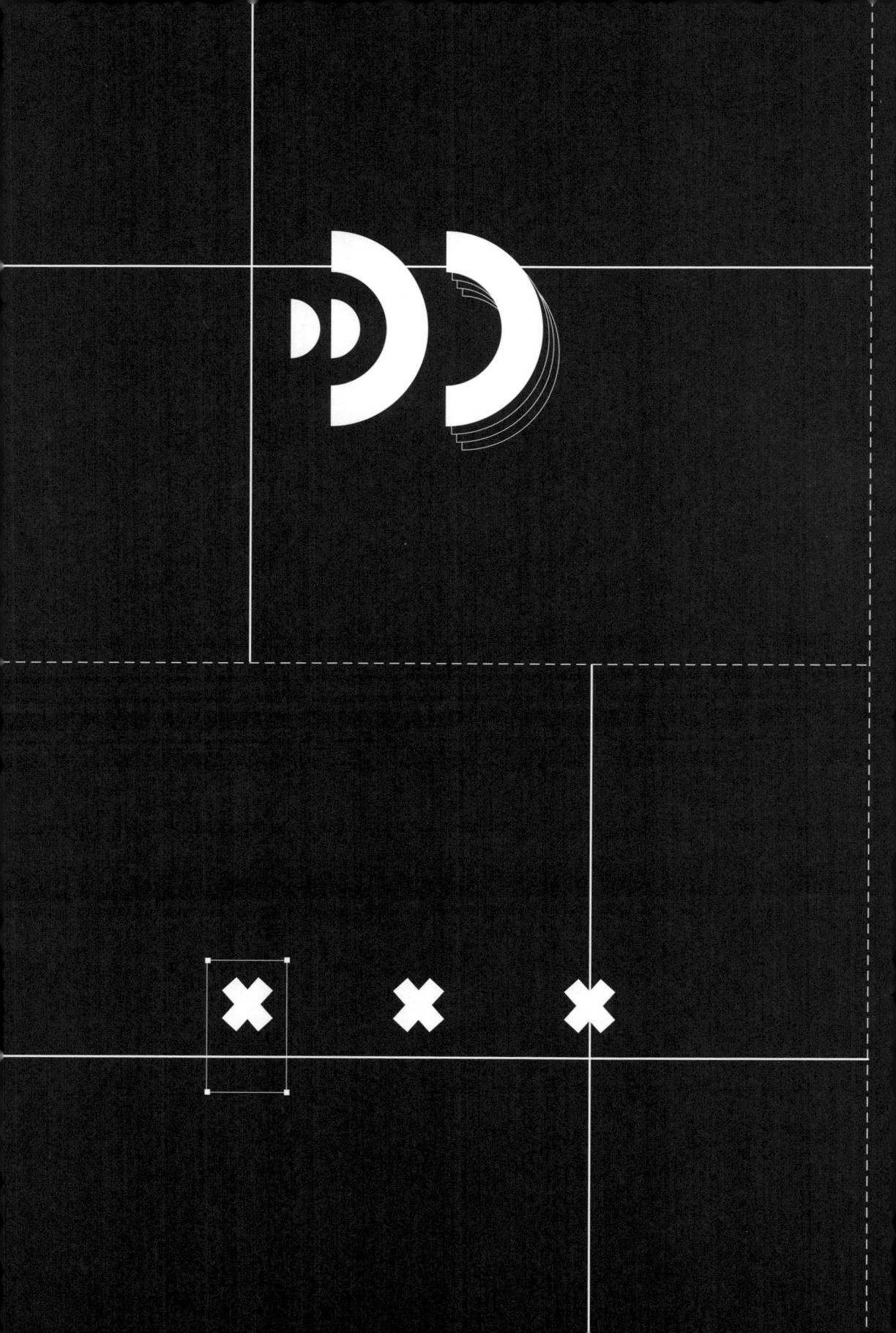

Methode 6-3-5

01 Bereitet die Arbeitsblätter vor: mit jeweils drei Spalten für die Fragestellungen und sechs leeren Zeilen für die Ideen.

02 Jeder schreibt seine Ideen zu den drei formulierten Fragestellungen in die erste Zeile.

03 Nach 5 Minuten gibt jeder das Arbeitsblatt im Uhrzeigersinn weiter.

04 In der nächsten Zeile wird die vorherige Idee aufgegriffen und ergänzt, bis die Zeit erneut abgelaufen ist.

05 Der Weitergabezyklus wird wiederholt, bis jede Person jedes Blatt mindestens einmal vorliegen hatte.

Kreativmethode //

2–6 Personen

Sechs-Hut-Methode

01 Die Beteiligten setzen nacheinander die Hüte auf, und jede Person äußert laut, was sie unter dem jeweiligen »Hut« zur Aufgabenstellung zu sagen hat. Haltet die Äußerungen schriftlich fest.

Weißer Hut: analytisches Denken

Roter Hut: emotionales Denken

Schwarzer Hut: kritisches Denken

Gelber Hut: optimistisches Denken

Grüner Hut: kreatives, assoziatives Denken

Blauer Hut: ordnendes Denken

Kreativmethode //

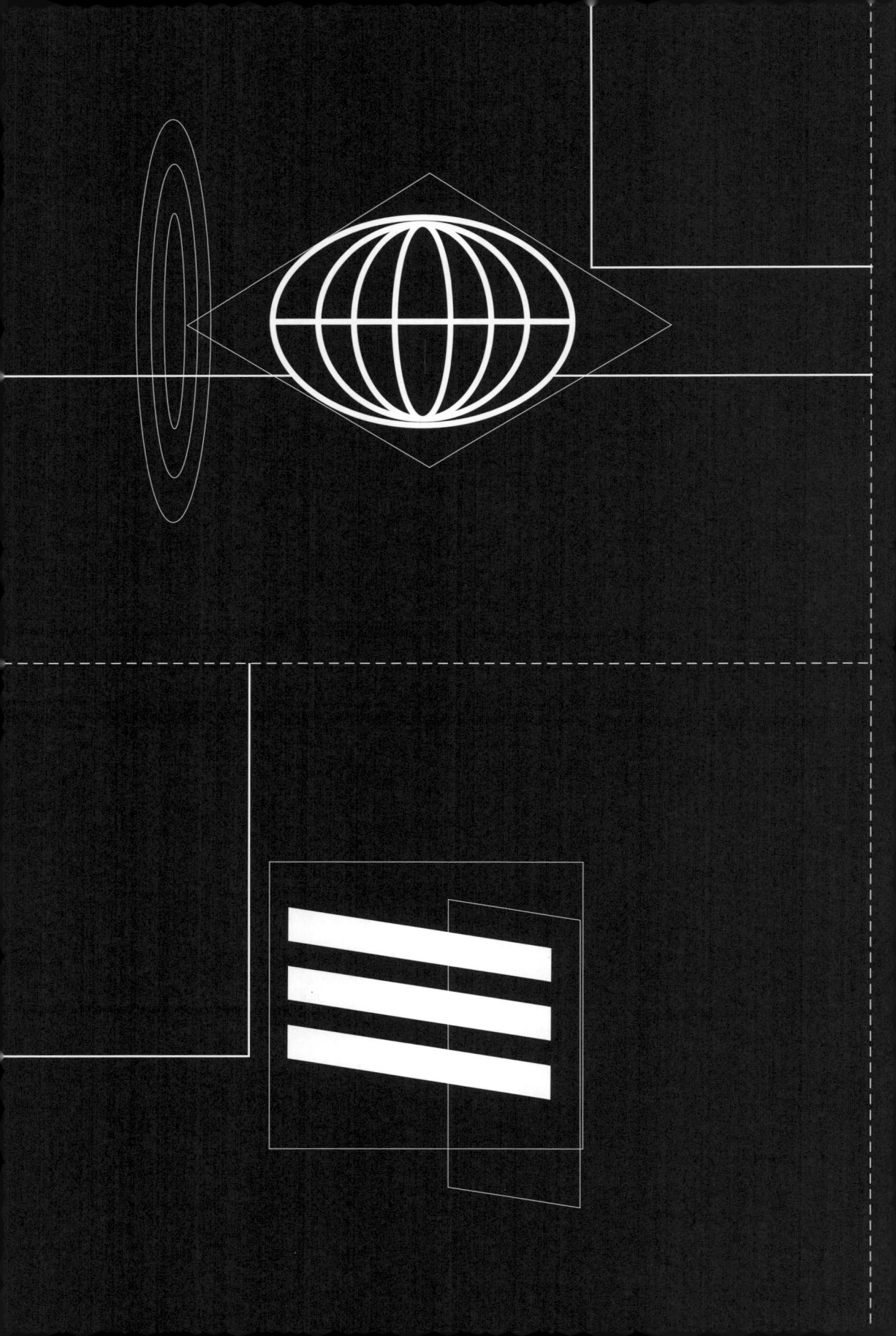

Crazy 8

01 Die Teilnehmer falten ein A4-Blatt in 8 gleich große Bereiche.

02 Jeder skizziert für sich allein in jedem dieser Felder eine Idee.

03 Nach 8 Minuten werden die Blätter zusammengetragen und gemeinsam besprochen.

ABC-Methode

01 Notiere alle Buchstaben des Alphabets untereinander.

02 Jeder notiert neben jeden Buchstaben ein Wort, das mit diesem Buchstaben beginnt. Das Wort soll in Zusammenhang mit der Fragestellung stehen.

01 Im Hinblick auf Authentizität und Persönlichkeitkeit: Lass deine Fans hinter die Kulissen blicken und veröffentliche »Behind the Scenes«-Beiträge.

02 Serie starten: Unter Hashtags wie #FridayFacts oder #MotivationMonday lassen sich gut kleine Content-Serien starten.

03 Zitate: Inspirierende Zitate kommen immer gut an. Achte aber auch hier auf die thematische Relevanz.

04 »Casual Weekend« – Stelle eines deiner Lieblingsangebote vor, oder erstelle eine Liste der Top5 verkauften Produkte.

05 Erstelle Bilder mit deinem Produkt in »ungewohnter« Umgebung oder mit »neuem« (witzigem) Einsatzzweck.

06 Lass dich auf *kuriose-feiertage.de* inspirieren und poste zum jeweiligen Tag.

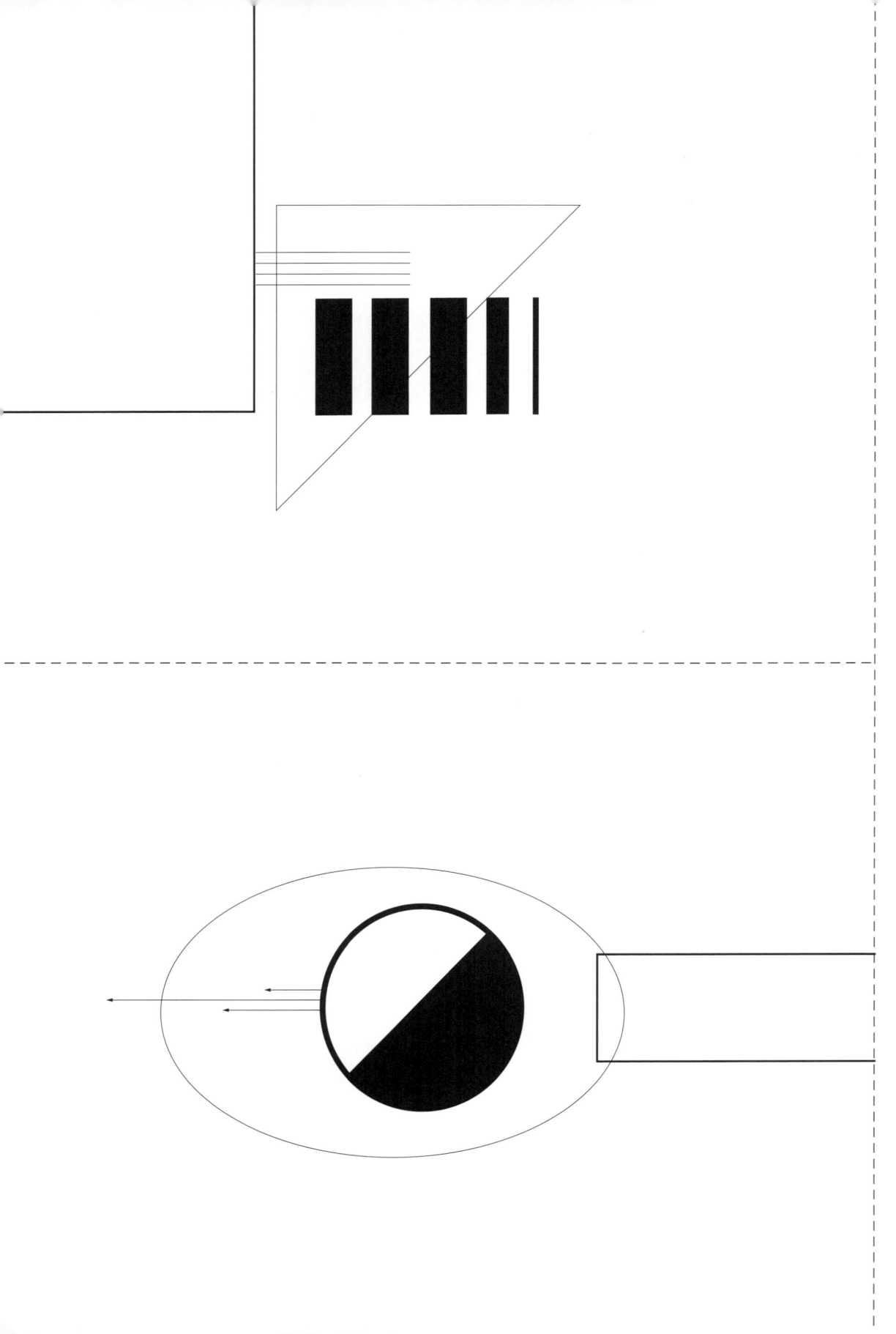

07 Starte eine Reihe mit »Best-Practice-Beispielen« oder »Branchentipps«.

08 Kläre über Mythen, die über deine Branche kursieren, auf.

09 Befrage Expert:innen und veröffentliche Interviews, Podcasts, Videos dazu.

---

10 Events: Ankündigung, Einladung oder Recap – Events liefern guten Content für deine Social-Media-Kanäle.

11 Frag doch mal die Community nach Hilfe. Auch indem du eine Frage stellst oder um Hilfe bittest, motivierst du deine Community zu interagieren.

12 Tools vorstellen: Eine gute Idee ist es, Tools vorzustellen, die für deine Kundschaft und Followerschaft interessant oder hilfreich sein könnten.

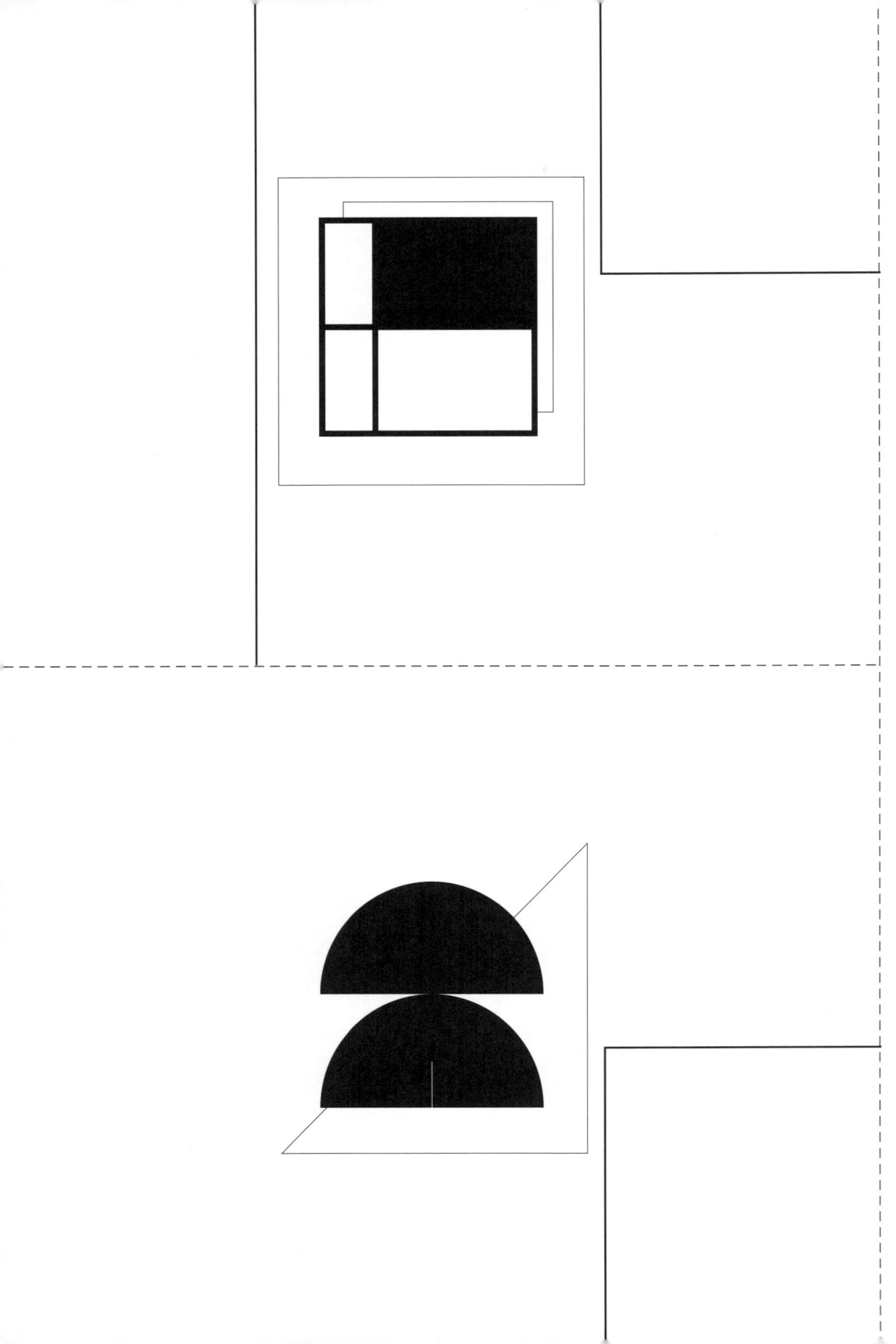

Unregelmäßig ⇈

13 Veröffentliche deine witzigsten, verrücktesten, coolsten (Service-) Anfragen. (Natürlich anonym!)

14 Teile Studien, Analysen, Untersuchungen und Entwicklungen aus deiner Branche.

15 Veranstalte einen Contest oder verschenke Give-aways, wenn du zum Beispiel ein nützliches/cooles Werbegeschenk hast.

Ideenkarte //

Unregelmäßig ⇈

16 Stelle interessante Follower:innen, Unternehmen oder Partner:innen vor, denen es sich zu folgen lohnt.

17 Aktuelle News: Halte deine Follower:innen über relevante Themen auf dem Laufenden und werde so Meinungsführer:in!

18 News aus dem Unternehmen: Neue Kund:innen, abgeschlossene Projekte oder Auszeichnungen sind guter Content mit hohem Mehrwert für deine Kund:innen und Mitarbeiter:innen.

Ideenkarte //

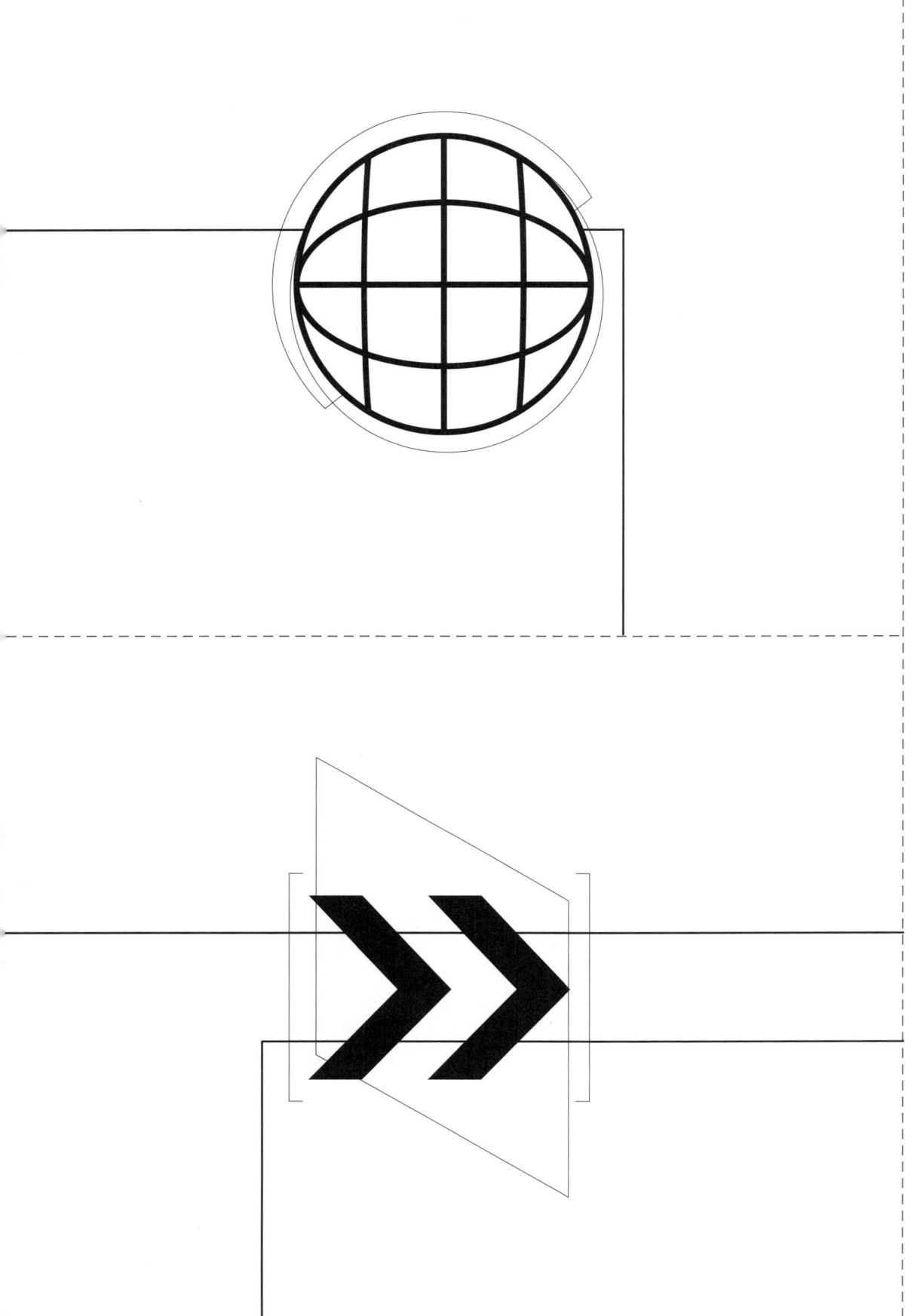

Ciao

Das war's, ich hoffe, die Übungen und Materialien helfen dir beim Entwickeln deiner Marketingstrategie weiter. Wenn du Lust hast, noch tiefer in das Thema Social Media einzusteigen, dann empfehle ich dir Blogs wie z. B. die unter dem Link 🔗 **161.1** angegebenen oder du folgst Social-Media-Expert:innen auf den jeweiligen Plattformen. Falls du gern Fachbücher liest, kann ich dir z. B. »Social Media Marketing – Praxishandbuch für Twitter, Facebook, Instagram & Co.« von Corina Pahrmann und Katja Kupka empfehlen. Oder zum Thema Online-Marketing: »Online Marketing Manager« von Felix Beilharz.

Ich wünsche dir viel Erfolg und Spaß!
Über Rückmeldungen und Feedback zum »Social Media Workbook« würde ich mich sehr freuen, dazu erreichst du mich auf meinem Instagram-Account *@schla.ich* ✌

Hey, ich heiße Miriam Schlaich und ich liebe Kommunikation! Seit ich denken kann, interessiere ich mich für die vielfältigen Formen zwischenmenschlicher Interaktion. Ich habe mich deshalb für eine Ausbildung zur Mediengestalterin und ein Studium zur Kommunikationsgestalterin entschieden. Aktuell bin ich in einem Carsharing-Unternehmen für Grafik und Social Media verantwortlich.

Ich lebe in Berlin und wenn ich nicht online bin, schreibe ich Bücher über Social Media. Nein Spaß, in meiner Freizeit gehe ich gerne auf Konzerte – HipHop – und rede stundenlang mit meinen Freund:innen (wer hätte das gedacht).